KB270489

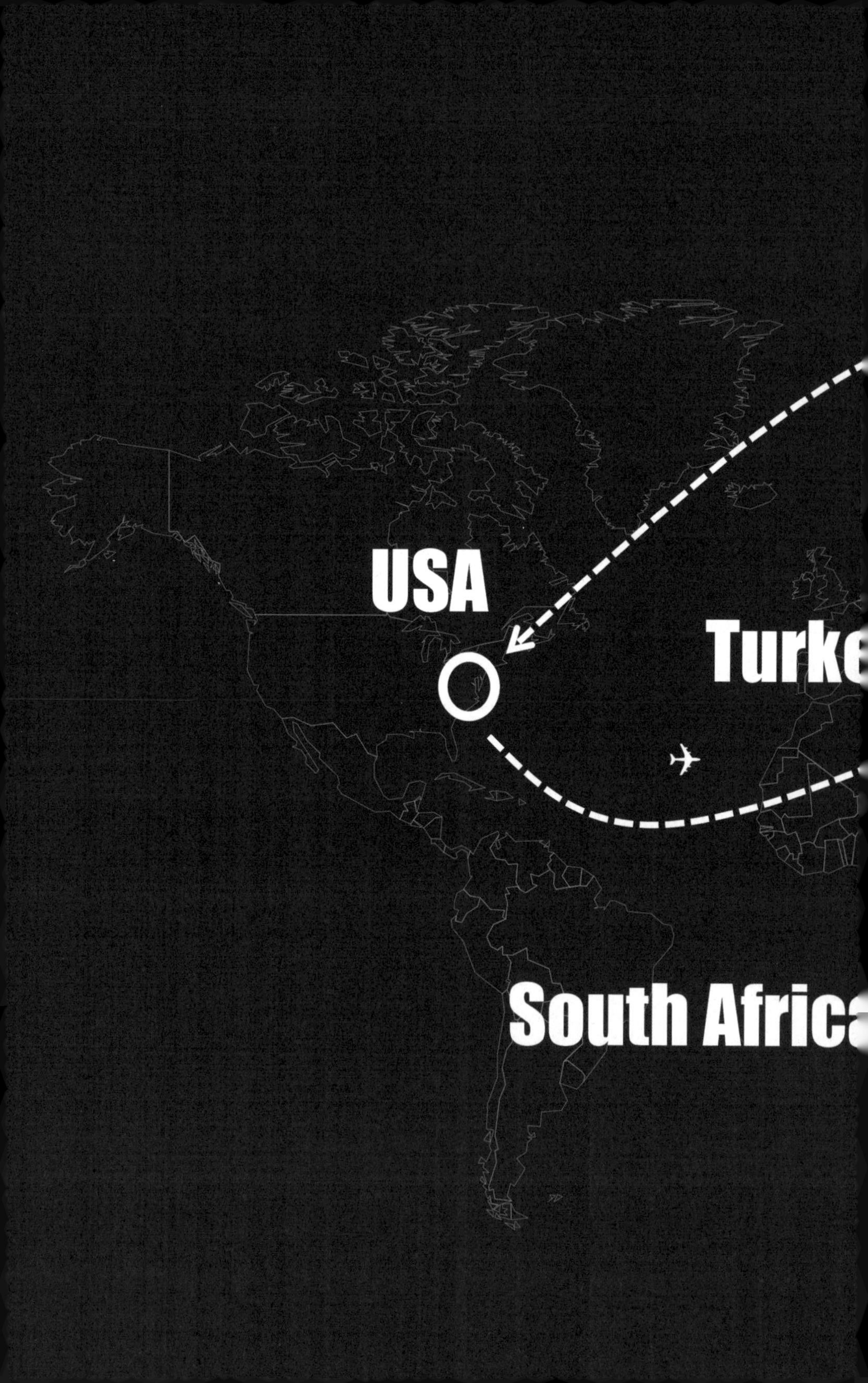

USA
Turke
South Africa

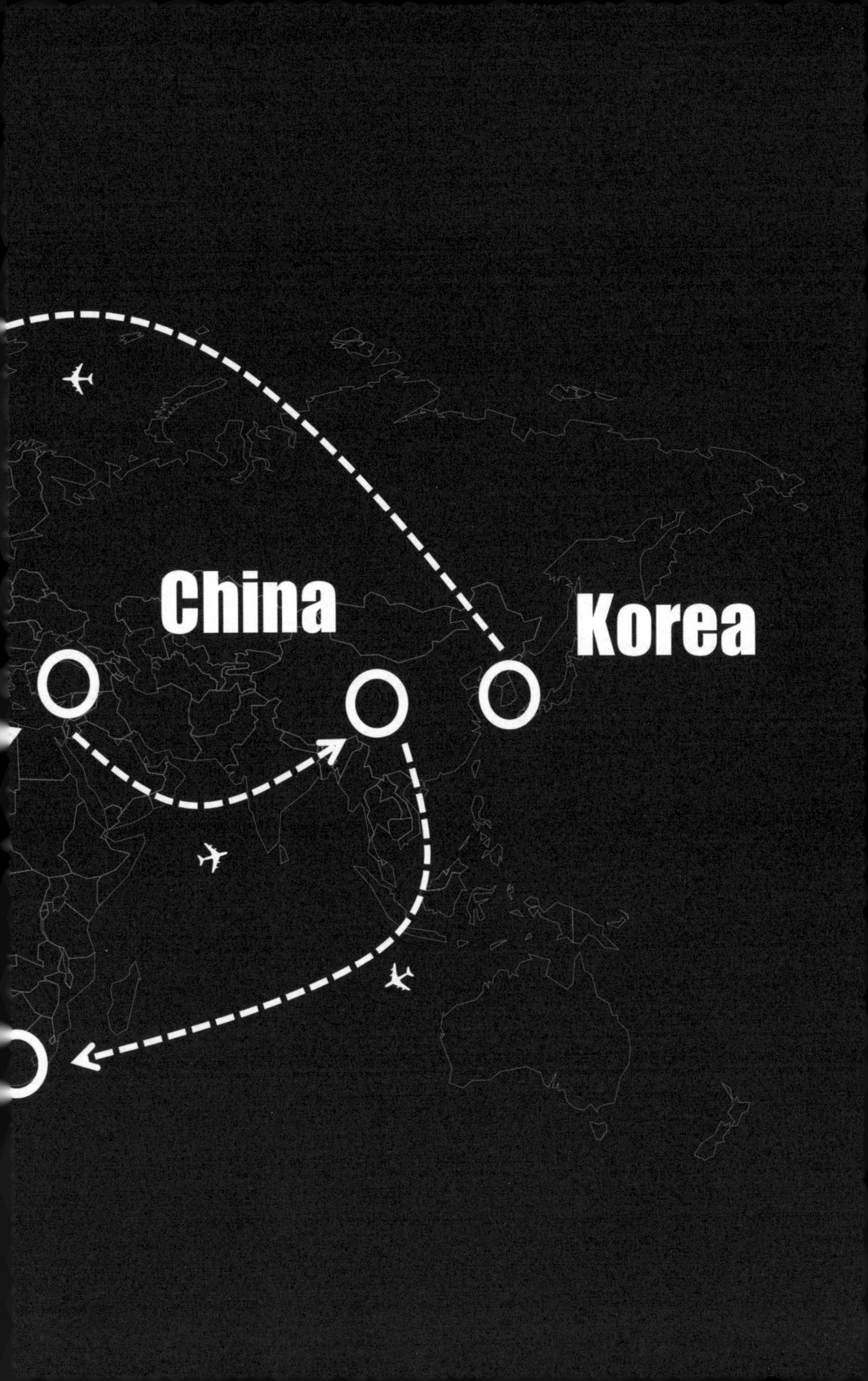

China
Korea

나는 매디슨 애비뉴를 떠났다

나는 매디슨 애비뉴를 떠났다

※ 이 도서의 국립중앙도서관 출판시도서목록(CIP)은 서지정보유통지원시스템 홈페이지(http://seoji.nl.go.kr)
와 국가자료공동목록(http://www.nl.go.kr/kolisnet)에서 이용하실 수 있습니다.
(CIP제어번호: CIP2018010506)

나는 매디슨 애비뉴를 떠났다

초판 1쇄 인쇄 2018년 4월 4일
초판 1쇄 발행 2018년 4월 12일

지은이 김세영
펴낸이 권기대
펴낸곳 도서출판 베가북스

총괄이사 배혜진
편 집 한경희
디자인 이호영
마케팅 황명석, 주현서

출판등록 2004년 9월 22일 제2015-000046호

주 소 (07269) 서울시 영등포구 양산로3길 9, 201호 (양평동 3가)
주문 및 문의 02)322-7241 **팩스** 02)322-7242

ISBN 979-11-86137-67-3 (13980)

※ 책값은 뒷표지에 있습니다.
※ 좋은 책을 만드는 것은 바로 독자 여러분입니다. 베가북스는 독자 의견에 항상
귀를 기울입니다. 베가북스의 문은 항상 열려 있습니다.
원고 투고 또는 문의사항은 vega7241@naver.com으로 보내주시기 바랍니다.

홈페이지 www.vegabooks.co.kr
블로그 http://blog.naver.com/vegabooks.do
트위터 @VegaBooksCo   **이메일** vegabooks@naver.com

나는 매디슨 애비뉴를 떠났다

광고, 그 따뜻함을 찾아 떠나는 세계 여행기

김세영 지음

베가북스
VegaBooks

차례
Contents

3부
공산주의 광고를 만나다

4부
아프리카의 광고에서 배우다

에필로그

프롤로그

불편한 초대장

나는 매디슨 애비뉴를 떠났다

한국. 삼성동. 겨울.

언제부터인가 부쩍 짧아진 가을은 금세 모습을 감추고, 아침이면 차갑고 상쾌한 공기가 코 안으로 날카롭게 파고들어 이미 매우 '한국적인 겨울'이 다가와 있음을 알리는 그런 날이었다.

주로 해외에서 살아온 조카가 하루는 그런 얘기를 해주었다. 한국의 겨울엔 특별한 향기가 난다고. 다른 나라에선 맡을 수 없는 한국 겨울만의 차갑고 상쾌한 향기가. 그래서 운이 좋아 겨울을 한국에서 보내야 할 때면 아침 일찍 일어나 그 날카로우면서도 상쾌한 한국의 아침 공기를 맡기 위해 일부러 산책을 나가곤 한다고 했다. 그리고 그 특별함 때문에 겨울만큼은 꼭 한국에서 보내고 싶다고.

조카가 말한 바로 그 '한국적인 겨울'의 차가운 공기가 코와 폐 안쪽으로 깊이 파고들며 출근하는 마음을 간지럽혀왔던 아침. 들뜨려는 마음을 이성으로 가라앉히고 여느 날처럼 도착한 메일들을 하나씩 확인하며 차분히 책상에 앉아 일에 집중하려던 찰나였다.

"따르릉 ~, 따르릉 ~"

전화벨이 울렸다. 발신자를 확인할 수 있는 전화기의 전자 액정에는 회사 대표 번호가 찍혔다. 프론트 데스크였다.

대한민국의 모든 광고인들은 놀라운 직관, 소위 '촉'이란 것을 갖고 있다. 전화벨 소리만으로도 그것이 클라이언트로부터 온 전화인지, 아니면 남몰래 주문했던 나만을 위한 선물이 도착했다는 알림인지를 구별해낼 수 있는 것이다.

그런데 이상했다. 지금 울린 전화벨 소리는 마음을 무겁게 만드는 클라이언트로부터의 전화벨 소리도, 기다리던 택배가 도착했음을 알리는 숨죽인 환호의 벨 소리도 아니었다. 무엇인가 낙관적이지도, 그렇다고 비관적이지도 않은 묘한 긴장감을 자아내는 소리였다.

두어 번 더 벨 소리가 울리는 걸 들은 후 수화기를 들었다. 친절한 데스크 직원의 밝은 음성이 들려왔다.

"차장님, 데스크에 우편물이 와 있습니다."

"우편물이라구요? 어디서 온 건가요?"

"음…, 발송지가 해외인데요? 뉴욕이에요!"

"뉴욕에서 온 우편물이라구요?"

의외의 소식이었다. 쇼핑몰에서 구매한 물건도, 모델 에이전시에서 보낸 배달물도 아닌, 우편물이라니. 게다가 뉴욕에서 왔다구? 도대체 누가 보낸 것인지, 어떤 내용을 담고 있는 건지 매우 궁금해졌다.

컴퓨터 화면에는 확인해야 할 메일들이 몇 가지 더 남아있었고 책상 위 메모지에는 오전에 처리해야 할 일들이 나열되어 있었지만, 우선 저 우편물을 확인해보고 싶었다. 아니, 확인해야 할 것 같았다.

"네, 지금 가지러 내려가겠습니다!"

우편물을 받으러 가는 동안 온갖 생각이 들었다.

'누가 보낸 것일까? 좋은 소식일까? 아니면, 나쁜 소식?
만일 해외에 사는 친구가 보낸 것이라면 얼마나 중요한 사안이길래 이렇게 사전 예고도 없이 우편으로 소식을 전하는 것일까? 그래, 무엇보다 확실한 건 중요한 일이라는 거야! 이렇게 우편으로 보냈다는 것은 그 발신인이 누구든 단순히 이메일이나 SNS로 알릴 만큼 가벼운 사안이 아니라는 증거야.'

생각이 여기까지 미치니, 궁금증은 커져 이내 긴장감으로 변하고 있었다. 그렇게 긴장감 가득한 채로 받아 든 우편물 좌측 상단에는 큼직하고 명료한 서체로 발송인의 이름이 적혀 있었다.

밥 제프리 (*Bob Jeffrey*)

그것은 당시 내가 다니고 있던 광고회사인 J사의 뉴욕 본사 CEO이자 글로벌 대표의 이름이었다. 그리고 나는 그의 이름을 이미 이메일을 통해 잘 알고 있었다.
당시 90개 나라에 지사를 갖고 있던 J사는 전 세계에 퍼져 있는 수많은 직원들과 비전을 공유하고 그들의 소속감을 강화할 필요가 있었다.

그래서 일주일에 두세 차례 글로벌 본사의 아이디어를 공유하는 이메일을 보내곤 하였으며 그 이메일의 발신인은 항상 '밥 제프리'였다.

그랬다. 그날 그렇게 우편물을 받아보기 전까지 밥 제프리라는 이름은 내겐 굳이 다 읽어볼 필요도 없는 교장 선생님의 훈화 말씀 같은 이메일 속 주인공에 불과했다.

그런데, 그렇게 까마득히 먼 나라의 막연한 이름의 주인공이 지금 내 앞으로 우편물을 하나 보내온 것이다.

자리로 돌아오자마자 약간 상기된 상태로 봉투를 뜯었다. 마치 영화 '찰리와 초콜릿 공장'에서 윌리 웡카로부터의 초대장을 열어보는 기분이었다.

우편물의 발신인이 밥 제프리라는 이야기를 듣고는 함께 일하던 동료들도 내 주위에 몰려들었다. 그들도 나만큼이나 이 상황이 신기하고 궁금했던 것이다.

모두의 궁금증을 불러일으켰던 봉투 안에는 놀랍게도 정말 '초대장'이 들어 있었다. 뉴욕 본사에서 선정한 49명의 High Potentials에 선정되었으니, 다음 달 뉴욕 본사에서 열릴 컨퍼런스(회의)에 참석하라는 내용이었다.

J사는 몇 년에 한 번씩 각국의 직원들 중 촉망받는 광고인을 선정해 High Potentials라 명명하고 뉴욕을 방문할 기회를 주고 있었다. 전 세계의 광고계 흐름과 변화, 비전 등을 공유하고 서로의 경쟁력과 잠재력을 높이자는 취지였다.

'뉴욕을 방문할 기회……?'

동료들은 축하를 아끼지 않았다.
당연했다.

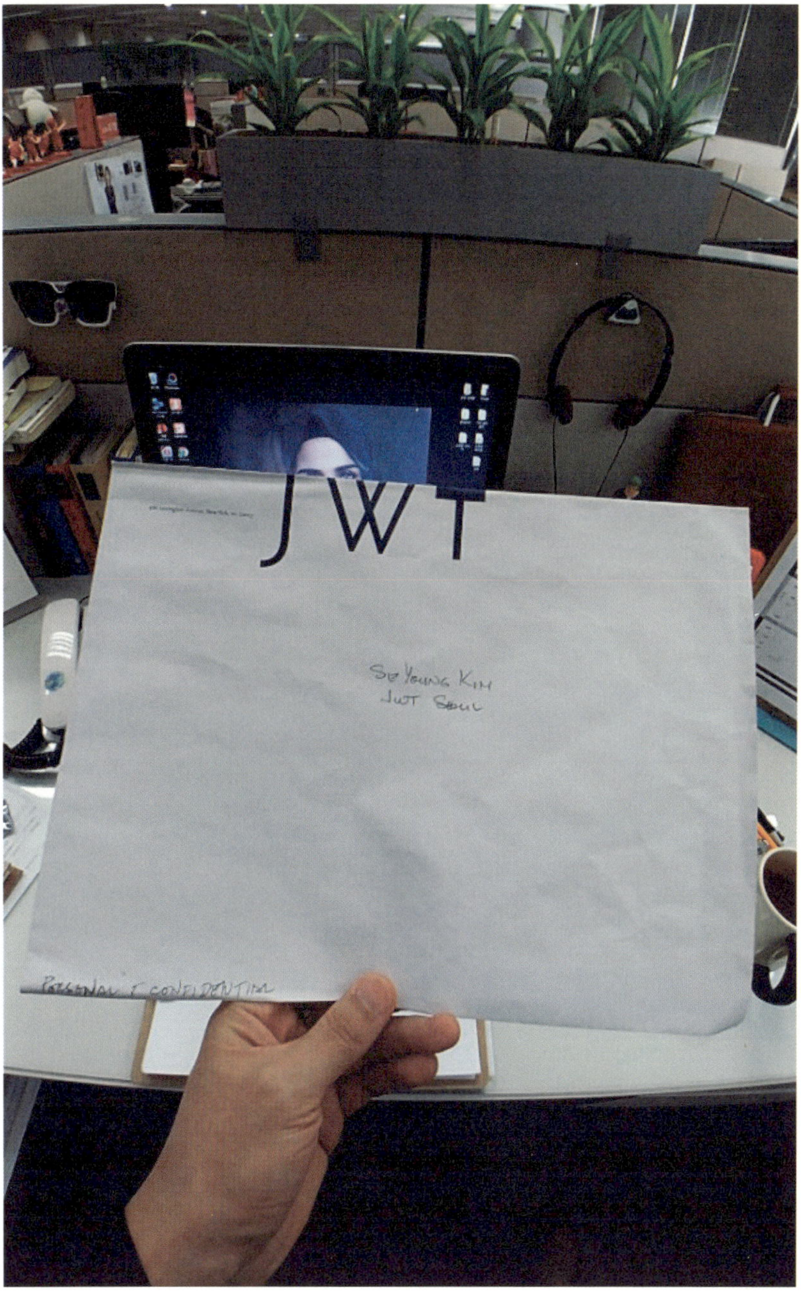

뉴욕 본사에서 발송된 Bob Jeffrey의 초청장

　당시 J사는 세계에서 가장 오랜 역사를 지닌 광고기업인데다, 세계 1위의 마케팅 커뮤니케이션 그룹을 모기업으로 둔, 명실공히 광고회사의 세계적 롤 모델이 되는 회사였다. 그런 기업의 뉴욕 본사를 방문할 기회는 광고회사를 다니는 어느 누구에게라도 특별하고 소중한 일이 아닐 수 없었으니까.

　하지만 이상하게도 난 그 초대장이 그리 반갑지 않았다. 이유는 어이없게도 매우 단순했다. 처리해야 할 일이 너무 많았던 것이다.

　야근 많은 업종을 꼽자면 절대로 광고를 빼놓을 수 없을 것이다. 광고업에 입문한 지 10여 년이 지나는 동안 자정 전에 퇴근해본 일이 거의 없을 정도였으니까. 심지어 팀 내에서는 '주말만큼은 야근하지 맙시다.'라는 농담 섞인 불만이 심심치 않게 들리곤 했다.

　뭣 때문에 그렇게 야근이 많은 것일까? 이유는 두 가지다. 그 첫 번째는 업무 시스템이다. 광고인들은 낮에는 주로 현업을 진행한다. 그 현업에는 클라이

언트에게 보내는 각종 보고, 미디어 관련 업무, 각종 회의, 수많은 행정 처리 등
이 포함된다. 한 기획팀이 대여섯 클라이언트를 담당하는 것이 일반적이라, 이
런 단순 업무만으로도 하루 일과는 후딱 지나가고 만다. 상황이 이러하다 보니
새로운 캠페인에 대한 기획, 경쟁 PT 준비, 광고 촬영, 제작물에 대한 수정, 편
집 작업 등은 대부분 야간이나 주말에 이루어질 수밖에 없었다.

두 번째 원인은 광고인들 스스로에게서 찾을 수 있다.

광고인들은 지나치게 열정적인 경향이 있다. 좋은 광고 한 편 만들어보겠다
는 열정 때문에 과도한 업무량과 스트레스를 고스란히 받아들이고 만다. 그렇게
밤을 새며 업무와 싸우는 모습을 볼 때면 마치 씨름판의 황소들을 보는 것 같을
때도 많았다. 그저 차이가 있다면 씨름판의 황소들은 뿔을 맞대고 상대 황소와
힘겨루기를 하고 있지만, 광고인들은 스스로와 힘겨루기를 하고 있다는 정도라
할까. 그렇게 자발적으로 시작된 열정은 좀처럼 식을 줄 몰라서 스스로 쓰러질

때까지 그칠 줄을 몰랐다. 나 역시 그런 광고인 중 한 명으로 이미 임계치를 넘은 과중한 업무에 억눌려 있었다.

그럼에도 뉴욕으로 떠나길 원한다면, 그 전에 진행되던 일들을 모두 마무리하고 떠나야 했다. 그뿐인가, 내가 자리를 비운 동안 발생할 일들에 대해서도 미리 조치해두어야 했다. 그것은 내겐 너무나 가혹한 대가처럼 느껴졌다.

그런데 문제는 그게 다가 아니었다. 뉴욕 컨퍼런스에 참석하기 위해서는 사전에 몇 가지 과제도 준비해야 했다.

그 과제에는 한국 광고계의 흐름 분석과 예측, 그리고 대처 방안 등은 물론 J사의 차기 리더로서의 충성도나 업무 만족도 등을 검증해볼 수 있는 일종의 심리검사 같은 것도 포함되어 있었다. 다른 과제보다 이 부분이 가장 어처구니없었다.

'심리검사……?

뉴욕에 다녀오는 것이 도대체 얼마나 대단한 상이라고 양심의 범위까지 검색한단 말인가…….'

그렇잖아도 넘쳐나는 업무에 새로 추가된 과제까지 보고 있노라니, 전혀 달갑지 않은 선물을 받아 들고 상대방의 기분을 맞추기 위해 억지웃음을 지어야 하는 상황처럼 매우 불편하고 부담스러웠다. 가능하다면 이 초대장을 다른 동료에게 양보하고 싶을 정도로.

그런데 사실 뉴욕과의 인연이 이번이 처음은 아니었다. 15년쯤 전이었던가, 이미 뉴욕과의 첫 만남이 있었고, 그 만남은 내 인생을 완전히 바꾸어 놓았다.

**

뉴욕으로부터의 초청장을 받은 때로부터 약 15년 전, 나는 뉴욕을 여행 중이었다. 당시 대학 졸업을 앞두고 있던 나는 또래의 친구들과 마찬가지로 진로에 대한 깊은 고민에 빠져 있었다. 긴 학창 시절을 거치며 마땅히 치렀어야 할 자아와 진로에 대한 고민을 대입이라는 지상 과제 뒤로 미뤄둔 상태였는데, 본격적인 사회 진출을 앞두게 되자 그 중요한 고민을 미뤄온 데 대해 불안이라는 혹독한 대가를 치르게 된 것이다.

대부분의 친구들은 그 불안감을 떨치기 위해 지금까지 해왔던 것과 똑같은 방법을 택했다. 자신과 미래에 대해 진지한 고민을 하는 대신 스펙이라는 또 다른 성적표를 준비하는 것이었다. 하지만 나는 또 한 번의 시행착오를 겪고 싶지 않았다. 지금 또 이 고민을 미루어버린다면 지금보다 더 중요하고 치명적인 시기에 돌이킬 수 없는 고민에 빠지게 될 것만 같았다.

졸업을 좀 늦추더라도 여행을 하고 싶었다. 분명 돌아가는 길이 될 테지만, 여행을 통해서 스스로를 진단하고 미래를 충분히 고민해보고 싶었다. 그렇게 20대의 마지막 여행은 시작되었고, 그 여행의 종착점인 뉴욕을 나는 걷고 있었다. 엄밀히 말해 뉴욕은 맨해튼, 브롱크스, 브루클린, 퀸즈, 스태튼 섬 등의 5개 구로 이루어진 거대 도시지만, 일반적으로 뉴욕이라 부를 때에는 그 중심가인 맨해튼을 의미한다. 여의도의 딱 10배 정도 크기의 섬인 맨해튼은 뉴욕과 미국의 중심이기도 했지만, 세계의 상업과 금융, 문화의 중심지이기도 했다. 그래서 남북으로 길게 뻗은 이 도시 섬을 걷노라면 세계의 모든 도시들을 압축해놓은 거대한 테마파크를 걷고 있는 기분이 들었다.

결코 주머니 사정이 여의치 않았던 내가 이 거대한 테마파크를 즐길 수 있는 유일한 방법은 8명이 한 방에서 자는 유스호스텔에 머물면서, 식사는 그저 패스트푸드로 때우고, 가난한 학생 여행자임을 물씬 드러내는 커다란 백팩 하나 맨 채로 거리를 온 종일 걸어 다니는 것뿐이었다.

저 멀리 자유의 여신상이 바라보이는 파이낸셜 디스트릭트와 월스트리트를 시작으로 거리 자체가 런웨이를 방불케 하는 소호(SOHO; South of Houston Street) 거리, 붉은색의 낡은 벽돌 건물 안에서 무명의 화가와 무용수들이 젊음을 태우고 있을 그리니치 빌리지와 화려한 광고판들이 마치 예술품처럼 빛을 발하는 타임스퀘어, 쇼와 뮤지컬의 대명사 브로드웨이와 전망대에 오르면 영화「러브 어페어(Love Affair)」의 주인공인 워런 비티가 여전히 아네트 베닝을 기다리고 있을 것만 같은 엠파이어 스테이트 빌딩. 그리고 뉴요커들의 몸과 마음에 휴식이 되어주는 센트럴 파크와 허드슨 강을 건너 맨해튼과 뉴저지를 이어주는 워싱턴 브릿지까지. 이 모든 길과 거리들을 두 다리에 의지한 채 두 눈으로 향유하며 걷고 또 걸었다.

할렘가를 지나며 잔뜩 위축된 내 모습을 보고 먼저 다가와 걱정 말라고 다독이며 길을 안내해주던 히스패닉 할아버지, 자유의 여신상이 멀찌감치 보이는 공짜 페리 위에서 갑작스런 청혼을 하던 유치하지만 사랑스러웠던 젊은 연인, 방과후 학교 앞 아이스크림 가게에서 딸기맛 아이스크림을 사들고는 좋아했던 천사 같은 초등학생들, 귀청을 찢을 듯한 사이렌을 울리며 '옐로우 캡' 사이를 가로지르는 뉴욕의 소방차들과 그 광경마저 신나는 볼거리라도 된 듯 환호하며 뒤를 쫓던 젊은이들까지. 무작정 걸으며 경험했던 학생 시절의 뉴욕은 무엇 하나 인상적이지 않은 것이 없었다. 하지만 그 모든 추억과 깊은 인상에도 불구하고 내 인생에 결정적 영향을 미친 장소는 따로 있었다.

바로 매디슨 애비뉴(Madison Avenue)……

매디슨 애비뉴는 뉴욕의 주요 광고회사들이 모여 있는 거리이자, 미국 광고업계를 상징하는 대명사다. 마치 월스트리트가 뉴욕의 금융계를 대신하는 말로 사용되듯, 미국의 언론은 미국의 광고업계를 지칭할 때 '매디슨 애비뉴'라는 말로 대신하곤 한다.

2008년도 미국 드라마 시상식에서 최고상을 받았고 16개의 에미상과 5개의 골든 글로브까지 차지했던 드라마 「매드 멘(Mad Men)」도 이곳 매디슨 애비뉴를 배경으로 하고 있으며, 광고계의 전설로 불리는 데이비드 오길비(David Ogilvy)와 빌 번벅(William Bernbach)의 유명 광고들도 모두 이곳에서 태어났다.

자본주의의 꽃이자 예술과 상업의 복합체인 광고. 그 광고 한 편을 만들기 위해 차가운 이성과 뜨거운 감성을 불사르는 뉴욕의 광고인들이 모인 곳. 이곳이야말로 가장 뉴욕다운 곳이며 이 사람들이야말로 진정한 뉴요커라는 생각이 들었다. 이곳에서만큼은 주머니 사정도 잊은 채 야외 카페에 앉아 이곳의 공기와 사람들의 분위기를 한껏 느껴보고 싶었다.

소매만 걷은 셔츠 차림으로 카페에 앉아 샌드위치로 점심을 대신하며 열띤 대화를 나누고 있는 비즈니스맨들. 날렵한 슈트 차림에 선글라스를 멋들어지게

쓰고는 누군가와 열심히 통화하며 빠른 걸음을 재촉하는 커리어 우먼. 미드에서 금방 튀어나온 것 같은 도회적 이미지의 이들이 바로 수많은 유명 브랜드의 캠페인을 만들었고 세계의 트렌드를 좌지우지해온 뉴욕의 광고인들이었다. 그런 그들을 보고 있자니 잠시나마 나도 그들 중 하나가 된 것 같은 착각이 들었다. 그리고 나도 모르게 마음 한 구석에서 꿈 비슷한 무엇인가가 떠오르고 있었다.

'나도 언젠가 저들 가운데 하나가 되고 싶다……'

내 안에서 떠오른 이 허무맹랑한 상상에 가장 소스라치게 놀란 것은 나 자신이었다. 내 머릿속에서 이런 비이성적인 상상이 떠오를 수 있다니!

이것이 과연 내가 떠올린 생각이 맞는지조차 의심스러웠다. 하지만 그렇게 제멋대로 떠오른 생각은 나도 제어할 수 없을 정도로 마음껏 나래를 펴고 날아올랐다.

'나도 언젠가 이곳 뉴욕의 한 부분이 되고 싶다……

지금은 비록 여행자로서 멀찌감치 앉아 바라만 보고 있지만, 나도 언젠가 저들과 같은 광고인이 되어, 저들 속에서 저들과 함께 고민하고, 저들과 함께 호흡하고 싶다. 바로 이곳 맨해튼에서, 바로 이곳 매디슨 애비뉴에서…….'

누가 봐도 황당한 생각이었다. 너무 실현 가능성이 없었기에 꿈이라는 단어를 붙이기에도 낯 뜨거웠다. 오히려 그 철저한 비현실성 앞에서 그 달콤했던 상상은 절망에 가까운 상처가 되어 마음 한 편에 머물렀다. 그렇게 가슴속에만 묻어둔 막연한 바람은 그날 이후로 누구에게 말하거나 스스로 꺼내보지도 않았다.

그런데, 그런데 말이다, 꿈의 힘이란 얼마나 대단한가. 상상의 힘은 또 얼마나 대단한가. 그로부터 약 15년이 지난 지금 그 막연했던 상상의 씨앗은 스스로 자라고 열매를 맺어 나를 제법 번듯한 광고회사의 광고인으로 만들어주었고, 지금 내 눈앞에는 뉴욕에서 가장 전통 있는 광고회사의 초청장이 거짓말처럼 도착해 있으니 말이다!

생각이 여기까지 미치자, 재빨리 주소를 다시 확인해볼 수밖에 없었다. 내게 초청장을 보낸 본사의 위치는…….

바로 매디슨 애비뉴(Madison Avenue)였다!!

누군가 장난이라도 하고 있는 것일까?

누군가가 이 모든 광경을 내려다보면서 내 인생을 조종하고 있기라도 한 것일까?

놀라야 할지, 아니면 감격해야 할지. 이럴 때엔 내 감정을 어떻게 추스려야 할지 준비해둔 것이 없어 나는 도무지 갈피를 잡을 수가 없었다.

하지만 마음은 벌써 움직이고 있었다. 주위 동료들의 축하와 격려에도 내키지 않던 뉴욕으로의 발길이 꿈에 대한 추억이 떠오르자 움직이기 시작했다.

'그래, 뉴욕에 가봐야겠다.
뉴욕에 가면 그때 꿈꾸었던 그 장소를 다시 찾아보리라…….
그 옛날 막연히 상상만 했던 그곳에 가서
더 이상 꿈만 꾸는 어린 학생이 아닌,
그들의 일원이 되어 그들과 호흡해보리라!'

평소보다 더 열심히 일을 마무리하고, 자리를 비우는 동안 발생할 일들에 대해서까지 미리 대비해둔 다음, 나는 두근대는 마음을 안고 뉴욕으로 떠났다.

또 한 번 내 인생을 흔들어 놓을 뉴욕으로 난 그렇게 떠났다.

1부

뉴욕의 광고회사로 출근하다

나는 매디슨 애비뉴를 떠났다

다시, 뉴욕

15년 만에 다시 찾은 뉴욕.

그 모습은 어떻게 달라졌을까? 아니, 변화된 뉴욕의 모습을 보기에 앞서 먼저 느낄 수 있었던 것은 그 사이 더 많이 변한 내 자신이었다. 그 옛날, 지하철조차도 사치로 느끼며 뉴욕의 구석구석을 걸었던 내가 존 에프 케네디 국제공항에서 맨해튼 도심까지 옐로우 캡(뉴욕을 상징하는 택시) 이용을 당연히 여기고 있었으니까.

'John F. Kennedy 공항이 이렇게 작았던가…….'

그새 내가 훌쩍 자란 것일까, 아니면 이제 우리나라에서도 더 크고 화려한 건물들을 많이 볼 수 있었던 탓일까? 알 수 없었다. 다만 내 기억에 가장 크고 웅장했던 존 에프 케네디 공항은 더 이상 그렇게 입을 떡 벌리게 할 정도의 압도적인 모습은 아니었다.

공항에 도착하자마자, 택시를 탈 수 있는 곳으로 안내하는 흑인 직원들이 큰 소리로 나를 불렀다.

"Hello, Sir!"

외국인들이 동양인의 나이를 외모로 알아내기는 매우 힘들다. 특히 서양인들은 동양인의 나이를 실제보다 열 살 정도, 아니 심한 경우엔 스무 살가량이나 적게 보곤 한다.

그런데 공항 직원이 나를 'Sir'라고 부른 것은 아마도 내 옷차림 때문이었을 것 같다. 면 티셔츠와 청바지 대신 비즈니스 캐주얼을 입고 있었고, 등에 메는 배낭 대신 한 손에 슈트케이스를 끌고 있었으니까. 누가 봐도 더 이상 배낭여행을 다닐 20대 학생은 아니었다.

택시에 올라타자마자, 곧바로 숙소인 루즈벨트 호텔로 가달라고 부탁했다.

뉴욕 시내의 모든 호텔은 세계의 다른 도시들에 비해 매우 비싼 수준이었다. 최고급 호텔들이야 말할 것도 없고, 아주 오래되고 시설이 낙후된 호텔들조차 우리나라 5성급 호텔의 숙박료를 요구했다. 이것은 세계에서 가장 땅값이 비싼 도시에 머무는 대가였다.

내가 머문 루즈벨트 호텔 역시 저렴한 호텔이 아니었다. 그렇다고 그 숙박료에 어울릴 만큼 시설이 훌륭한 것도 결코 아니었다. 루즈벨트 호텔은 1924년에 개장한 매우 오래된 호텔로, 몇 번의 레너베이션(낡은 건물의 일부를 고쳐 새롭게 하는 것)을 거쳤지만 여전히 시설이나 청결 면에서 좋지 못한 평을 받는 터였다. 그런데 아이러니하게도 나는 바로 그 점에 이끌려 루즈벨트 호텔을 예약해 두었다. 르네상스 시대의 구식 인테리어와 외관이 오히려 과거 뉴욕에 대한 향수를 더 자극할 것처럼 느껴졌기 때문이다. 게다가 크라이슬러 빌딩과 브로드웨이, 록펠러 센터 등이 가까워서 대부분의 명소들을 걸어서 방문해 볼 수 있을 것 같았다. 그리고 무엇보다 매디슨 애비뉴가 가까웠다.

택시를 타고 퀸즈버러 브릿지에 접어들자 멀리 맨해튼 시내가 보이기 시작했다. 눈에 익숙한 맨해튼의 모습이 점점 가까이 다가올수록 내 가슴은 그 옛날 학생 때로 돌아가 콩닥콩닥 뛰고 있었다.

맨해튼에 돌아가면 혹시 그 옛날 촌스럽고 어리숙했던 나를 알아보고 놀려대는 사람이 있진 않을까 하는 우스운 상상도 함께 머리를 들고 있었다. 사람은 나이가 든다고 자연스레 성숙해지는 것이 아니라, 어린 자아가 그저 어른의 옷을 입고 사는 것일 뿐이라고 했던 한 심리학자의 말이 생각났다. 유치한 어린아이로 돌아간 내 모습을 행여나 눈치채진 않을까 괜스레 더욱 점잖은 척 앉아있는데, 택시 기사가 말을 걸어왔다.

"Sir?
Is this your first time to visit New York?"
(선생님, 뉴욕 방문은 처음이신가요?)

택시 기사는 유쾌한 젊은 흑인이었다.

"No, this is my second visit. The first one was 15 years ago, when I was a student."
(아니에요, 이번이 두 번째에요. 첫 번째는 15년 전이었는데, 그땐 학생이었죠.)

"Oh, really? Where are you from? Japan?"
(오, 그러세요? 어디서 오셨는데요? 일본?)

"No, Korea. South Korea."
(아니에요. 한국에서 왔어요. 남한이요.)

"South Korea? Wow! 나 한국말 알아요!"
(한국이라구요? 와우! 나 한국말 알아요!)

뉴욕 맨해튼 택시 기사의 입에서 한국말을 듣게 될 줄이야!
갑자기 아련한 추억에서 선명한 현실로 소환되는 기분이었다.

"아니! 한국말을 할 줄 아시네요? 어떻게 한국말을 배웠어요?"

"한국말, 배웠어요! 우리 사장님, 한국 사람!"

놀라웠다! 한국인이 사장인 회사의 흑인 운전사라니.
이제부터 보게 될 맨해튼이 도대체 얼마나 달라진 모습일지를 상징적으로 보여주는 것만 같았다.

"정말이요?"

"Yes, Yes! 우리 사장님 한국사람! 우리 사장님 착해요!
그런데, 일 너무 많이 시켜!"

유머까지 구사하는 운전사의 제법 훌륭한 한국말에 내 기분마저 유쾌해졌다. 자기는 지금 이 택시 회사에서 4년째 택시 운전을 하고 있는데, 자기 회사 외에도 한국인이 임원으로 있는 회사들이 많다고 했다. 한국인들의 워커홀릭(일 중독증) 근성은 뉴욕에서도 유명하단다. 우리의 대화는 영어로 이어졌다.

"요즘 맨해튼은 어때요, 여전히 아름다운가요?"

"그럼요, 최고죠! 하지만 요즘엔 관광객이 너무 많아졌어요. 차들도 너무 많구요. 하루 종일 막히지 않는 곳이 없다니까요! 선생님은 여행 오신 건가요? 아니면 출장?"

뉴욕 맨해튼의 거리 풍경

"아쉽지만 이번엔 출장으로 온 거에요."

"오, 안됐군요……. 그래도 꼭 시간 내서 여행도 해보셔야죠!
뉴욕은 세상에서 가장 멋진 도시잖아요!"

"네, 맞아요……. 혹시 추천해줄 만한 데가 있나요?"

"하하하, 뉴욕에서 멋지지 않은 곳은 없죠!"

"네, 맞아요. 하지만, 유명한 곳들 말고 당신만 아는 좀 숨겨진 그런 곳은 없나요?"

"아~ 무슨 말인지 알겠어요! 만일 음악을 좋아한다면, Blue Note(뉴욕에 있는 재즈 클

럽)를 꼭 가보세요, 제대로 된 재즈를 들으시게 될 거에요! 그리고, 만일 제대로 한잔 즐기고 싶으시다면 맥솔리즈 올드 에일 하우스(McSorley's Old Ale House)를 가보세요!"

오랜만에 뉴욕에 도착한 내가 긴장하고 있었음을 이 유쾌한 택시 기사는 알고 있었던 것일까. 그는 여행자가 알기 어려운 뉴욕의 숨은 명소들을 알려주었고, 뉴욕에서 주의해야 할 교통법규에 대해서도 일러주었다.

수많은 베이글 가게들 중에서 가장 질 좋은 베이글을 만드는 가게의 위치와 뉴욕의 석양을 보기에 가장 좋은 스팟도 알려주었다. 마치 노련한 의사가 겁먹은 아이의 주의를 돌리듯, 그는 그렇게 초조했던 내 마음의 관심을 다른 곳으로 돌려주고 있었다.

"자, 다 왔습니다. 선생님! 오른쪽이 루즈벨트 호텔입니다!"

루즈벨트 호텔의 전경

택시기사와 예상치 못했던 유쾌한 수다를 떨고 있는 동안 택시는 열심히 달려 어느덧 루즈벨트 호텔 앞에 도착해 있었다.

그 짧은 시간에 기사와 정이라도 들었던 것일까. 순간 택시에서 내려야 한다는 사실이 서운해졌다.

미국은 팁 문화로 대표되는 나라다. 택시비에 있어서도 팁을 주는 관행은 마찬가지다. 대개는 팁을 10%에서 15% 정도 주지만 이날만큼은 좀 더 후하게 주고 싶었다. 긴장했던 내 마음을 누그러뜨려준 것에 대한 감사의 마음에 더해, 워커홀릭인 사장님을 대신해 같은 한국 사람으로서 조금이나마 사과의 뜻을 전하고 싶었기 때문이다.

"Thank You, Thank You!"

30%라는 넉넉한 팁에 택시 기사는 더욱 유쾌한 톤으로 'Thank you'를 연신 외치고는 떠났다. 그렇게 택시가 떠나고 성조기들이 줄줄이 꽂혀있는 유서 깊은 루즈벨트 호텔 앞에 서 있노라니 이제야 진짜 여행이 시작되는 기분이 들었다.

*
**

과연 루즈벨트는 듣던 대로 오래된 호텔이었다. 내가 받은 느낌을 정확히 표현하자면, 호텔이라기보다는 오히려 19세기 느낌을 재현해놓은 기념관 같았다. 한눈에 딱 봐도 적어도 100여 년 전에나 유행했을 것 같은 샹들리에, 당시에는 매우 고급스럽다고 평가받았을 것 같은 터키식 카펫과 발코니에서 내려다볼 수 있도록 만들어진 2층 구조의 호화로운 로비. 내가 방금 밀고 들어 온 저 회전문이 혹시 과거로 가는 타임머신은 아니었을까 하는 생각에 힐끔 뒤를 돌아보고야 말았다.

그런데 놀랍게도, 세상에는 나 외에도 이런 고전적인 분위기를 선호하는 여행객들이 꽤나 많은 모양이었다. 호텔의 고풍스런 분위기와는 상반되게 세계에서 도착한 각양각색의 여행객들은 길게 줄을 지어 자기 차례의 체크인을 기다리고 있었다.

꽤 오래 기다린 끝에 나도 체크인을 할 수 있었다. 이 호텔을 찾는 동양인이 많진 않기에 데스크 직원은 내 이름을 금방 확인해주었다. 직원들이 그리 친절한 편은 아니었지만, 이것조차 이 호텔의 전통이라 생각하니 그리 신경 쓰일 정도는 아니었다.

"철커덩, 철커덩"

녹슨 소리를 내는 엘리베이터에서 내려, 역시 고풍스런 분위기의 방으로 들어서자 방 전체에서 오래된 섬유 냄새 같은 것이 확 달려들었다.

가방을 풀기도 전에 침대에 몸을 던지듯 털썩하고 드러누웠다. 컨퍼런스가 시작되려면 하루의 여유가 있었다. 자, 어디서부터 여행을 좀 해볼까? 천정을 보며 누운 채로 이리저리 구상해보았다. 몸은 피곤했지만, 휴식은 얼마든지 나중으로 미룰 수 있을 것 같았다.

평소라면 매우 꼼꼼하게 여행 경로를 미리 그려봤겠지만, 이날만큼은 그런 꼼꼼한 구상을 포기하고 계획 없이 여행해보고 싶었다. 그저 발길 닿는 대로…… 10여 년 전 그랬던 것처럼…… 거리 구석구석을 걸어 다니며…… 살아 숨쉬는, 진실한 모습의 맨해튼을 만나보자!

지갑과 핸드폰 등 최소한의 물건만 챙겨 가벼운 차림으로 호텔을 나설 준비를 했다. 이젠 여행자임을 오롯이 보여주는 지도도 필요 없었다. 스마트폰에 담긴 정보가 그 어떤 지도보다 더 정확한 길 안내를 해줄 테니까.

여전히 관광객들이 길게 늘어선 호텔 로비를 지나, 타임머신이 되어주었던 회전문을 밀고 호텔 밖으로 한 발 내딛자 맨해튼 특유의 도시 냄새와 소음이 마치 연기처럼 내 온 정신을 감싸 안았다.

사람의 뇌란 참 신기하다. 내 머릿속 어디에 그런 정보가 들어 있었는지, 적절한 때 적절한 장소에 가면 내 머릿속 누군가가 알아서 상황에 딱 맞는 정보나 기억을 떠올려주니 말이다. 그날 내 머릿속 DJ는 내가 루즈벨트 호텔의 회전문을 밀고 나오는 바로 그 타이밍에 맞춰 Frank Sinatra의 「New York, New York」을 플레이해주었다.

노래가 머릿속에서 울려 퍼지자, 나는 지금 당장 매디슨 애비뉴로 달려가 한껏 외치고 싶었다. "내가 다시 왔노라!"

하지만 가장 좋은 것은 나중으로 미루고 싶은 야릇하고도 짓궂은 마음이 함께 솟아올랐다. 나는 방향을 틀어, 세계에서 가장 비싼 광고들이 예술처럼 향연을 펼치는 타임스퀘어를 향했다.

점점 더 커지는 머릿속 음악을 따라 부르며. 그 옛날엔 볼 수 없었던, 성장한 어른의 눈에만 보이는 또 다른 모습의 뉴욕을 만나길 기대하며!

Start spreading the news ♪ ♫

I'm leaving today ♪ ♫

I want to be a part of it,

New York, New York ♪ ♫

These vagabond shoes ♪ ♫

Are longing to stray ♪ ♫

Right through the very heart of it,

New York, New York ♪ ♫

- - - - - - - - -

소식을 퍼트려요,

내가 오늘 떠난다구요 ♪ ♫

난 그곳의 일부가 될 거에요

뉴욕, 뉴욕 ♪ ♫

내가 신은 방랑자의 신발은

정처 없이 떠돌고 싶어 해요 ♪ ♫

그곳의 심장을 통과할 거예요,

뉴욕, 뉴욕 ♪ ♫

– Frank Sinatra의 「New York, New York」 중에서 –

광고의 가격

광고의 가격은 얼마일까?
세계에서 가장 비싼 광고들을 자랑하는 타임스퀘어의 경우,
가장 눈에 잘 띄는 위치라면 한 달 광고비가 30억 원에 이른다.
가히 가장 비싼 예술품들의 향연이라 부를 만하다.

여기서 이야기하는 광고비란 광고 매체비를 가리킨다.
대개 광고비라고 하면 광고 제작비를 떠올리기 쉽지만,
사실 광고를 집행함에 있어 제작비보다 더 중요한 것은 광고 매체비다.
광고를 하는 목적이 영향력 있는 매체에 광고를 집행함으로써
많은 사람에게 우리 브랜드의 장점을 알리는 데 있기 때문이다.

따라서 광고 실무에서는 보통 광고 매체비를 결정한 후에
그 규모에 따라 광고 제작비를 결정하는 경우가 대부분이다.
(가끔 광고 매체비보다 광고 제작비를 많이 쓰는 클라이언트를 만나게 되는데,
이런 경우는 도시락 싸들고 따라다니면서라도 말리고 싶어진다.)

그렇다면, 우리나라에서 한 달 광고비는 얼마일까?
미디어별로, 채널별로 가격은 천차만별이지만
대표적으로 공중파 뉴스의 '후TOP 광고'(방송이 나간 직후 바로 붙는 광고) 단가는
15초 기준 1회당 1천만 원이 조금 넘는 수준이다.
만일 1억 원의 광고 예산이 있다면 공중파 뉴스 직후에 8~9회 정도
광고를 틀 수 있다는 산술적 계산이 나온다.
그런데 안타깝게도 현실은 꼭 그렇지가 않다.
인기 있는 프로그램은 물량이 한정되어 있고
그 한정된 프로그램의 광고를 사고 싶어 하는 광고주는 넘쳐나기 때문에,
각 매체에서는 인기 있는 프로그램과 인기 없는 프로그램을 묶어서
패키지로 판매하거나
같은 프로그램 내에서도 비딩(bidding; 입찰) 형식으로 광고주에게 물량을 준다.
(여러 광고주들이 같은 프로그램의 광고를 구매한 경우엔
광고가 노출되는 순서를 비딩 형식으로 결정한다.)

이런 현실적 한계 때문에 각 광고대행사에는 미디어 플래너가 있으며,
이들은 광고주의 한정된 예산을 가지고
가장 효율적으로 광고를 노출시키기 위한 전략을
제시하는 역할을 한다.

나는 매디슨 애비뉴를 떠났다

뉴욕에서 출근하다

밤새 편히 자지 못했다.

시차 때문이라고 핑계 대고 싶었다. 혹은 건너편 호텔에서 들어오는 미세한 불빛 때문이라고, 또는 한 번씩 크게 울려대는 소방차들의 사이렌 소리 때문이라고 변명하고 싶었다.

하지만 이내 인정할 수밖에 없었다. 긴장 때문이었다.

어제 오후, 나는 화려한 광고판들이 예술품처럼 빛나는 타임스퀘어를 출발하여 아이들을 데리러 온 금발의 엄마들이 화단에 앉아 수다를 떨고 있던 평화로운 분위기의 주택가 웨스트 빌리지, 영화 「어거스트 러시(August Rush)」의 배경으로도 유명한 길거리 공연의 대명사 워싱턴 스퀘어 파크, 과거엔 과자 공장이었지만 이젠 식료품 매장으로 사용 중인 첼시 마켓, 뉴요커들의 엄청난 수다를 경험할 수 있는 아이리시 펍, 그리고 광고회사들의 새로운 터전으로 부상하고 있는 브루클린 브릿지까지, 화려한 도시 이면의 사람 냄새 풍기는 맨해튼의 숨은 속살들을 그 옛날 학생 때처럼 느린 걸음으로 걸으며 경험했다. 두 발로 걸어 다닌 그 거리로 치자면, 피곤해서 곯아떨어지고도 남을 정도였다.

하지만 나는 뉴욕에 도착한 이후 내내 긴장해 있었고, 그 긴장은 잠들기 위해 몸을 눕히자 오히려 더욱 선명해졌다. 지나온 시간들에 대한 회상이나 뉴욕을 대표하는 광고회사에 출근하여 수많은 나라에서 온 광고인들을 만나게 된다는 사실 등에 나는 어쩔 수 없이 흥분해 있었던 것이다.

새벽 미명이 도시를 비추기 시작할 때 즈음, 나는 더 이상 뒤척이길 포기하고 침대에서 일어났다. 첫날 커리큘럼에서 필요한 준비물만 대략 챙기고, 가볍게 샤워를 한 후 너무 캐주얼하지도 너무 딱딱하지도 않은 수준의 비즈니스 룩으로 차려입고 밖을 나섰다.

세계 어디든 새벽이란 매우 특별한 시간이다. 전날엔 보지 못했던 전혀 새로운 모습을 보여주기 때문이다. 마치 밤새 관광객에 시달렸던 그곳이 자기의 가치를 알아주는 진짜 여행자들에게만 숨겨뒀던 진실한 모습을 열어 보여주는 느낌이랄까. 그 화장기 없는 새벽의 얼굴을 보는 기쁨은 그것을 마주하기 위해 일부러 일어난 여행자에게만 주어지는 특별한 선물 같은 것이었다.

호텔을 나와 마주한 맨해튼의 새벽은 아직 완전히 기지개를 펴기 전이었다. 여느 때처럼 출근의 부담을 안고 잠든 직장인들은 지금쯤 어제 맞춰둔 알람을 켜다가 끄다가를 반복하며 아침잠을 더 붙들고 있을 터였고, 한참 성장기라 잠이 더 필요한 아이들은 새벽 미명 따위는 전혀 아랑곳하지 않은 채 포근한 담요를 몸 쪽으로 더욱 끌어당기고 있을 터였다.

그나마 이 텅 빈 거리를 드문드문 채우고 있는 사람들은 부지런히 청소차에 오르내리길 반복하며 밤새 쌓인 쓰레기를 치우는 청소부들이었다. 평소라면 많은 인파 때문에 서로 눈인사도 못했을 테지만, 새벽이 주는 여유 덕에 청소부들은 바삐 쓰레기를 치우는 와중에도 낯선 동양인에게 '굿모닝' 하며 친절하게 인사를 건네주었다.

그 따뜻함이 고마워 나 또한 '굿모닝' 하고 미소 지어 화답했다.

이 번화한 도시 맨해튼도 그 새벽의 모습만큼은 신선한 공기와 촉촉한 아침 이슬, 거기에 여명에 비치는 건물들의 온화한 색깔까지 더해져 여느 세상 못지 않게 신선하고 정겨웠다.

그렇게 평범한 길들, 하지만 조용한 미명에 그 가치를 발휘하며 뉴욕의 진솔한 모습을 보여주는 이름 모를 길들을 걷다 보니 어느덧 뉴욕의 아침이 눈을 뜨기 시작했다.

이제 막 집을 나와 커피와 베이글을 들고 일터로 향하는 사람들. 그런 부지런한 사람들을 대상으로 아침 장사를 하기 위해 카페와 상점의 셔터를 열어젖히는 사람들의 모습이 선선한 아침 공기 속에서 하나 둘 도시를 채워가고 있었다.

이것은 이제 나도 방향을 돌려 J사를 향해 가야 할 시간이 되었음을 의미했다.

뉴욕 맨해튼의 출근길 풍경

잘 빠진 정장을 입고 바쁜 걸음으로 출근하는 뉴요커들 속에 끼어 나도 매디슨 애비뉴를 향해 걸었다.

맨해튼 한가운데서 두리번거리며 이곳에 처음 오는 사람임을 알리고 싶지 않았던 나는, 뉴욕에 오기 전 구글 지도를 통해 찾아가야 할 주소를 몇 차례나 머릿속으로 확인해 두었다.

그리고 그 기억에 의지해, 매일 일어나는 일상이라도 되는 듯 아무렇지도 않게 J사를 향해 걸었다.

하지만 2차원의 인터넷 지도 위를 걷는 것과 3차원의 현실을 걷는 것은 엄연히 차이가 있었다. 슬쩍슬쩍 거리의 이정표를 곁눈으로 확인하며 긴장 반 흥분 반으로 두세 블록을 걸어 여기다 싶은 곳에 멈춰 왼쪽을 돌아 본 순간!

거기엔, 기적처럼 매디슨 애비뉴를 상징하는 높은 회색 건물이 서 있었고, 그 가운데에 Entertainment Group of J. 라는 글씨가 떡하니 쓰여 있었다.

서울 정문에서 바라본 전경

루즈벨트 호텔의 회전문이 과거로 가는 타임머신이었다면, J사 뉴욕 본사로 들어가는 유리 회전문은 마치 미래로 가는 타임머신 같은 느낌이었다. 족히 190cm는 되어 보이는 건장한 흑인 시큐리티(보안원)의 신분 확인을 거친 후 안으로 들어가서 마주한 건물 내부의 모습은 예상했던 것과는 전혀 달랐다.

밖에서 본 매디슨 애비뉴의 건물들이 영화「킹콩」의 엔딩 장면에나 어울릴 법한 고풍스런 회색빛이었다면, 내부는 최첨단을 방불케 하는 미래 영화의 한 장면 그대로였다.

끝을 알 수 없이 높게 솟은 유리 벽, 그 유리에 비쳐 고급스러우면서 세련된 느낌을 자아내는 황금빛의 조명, 그 사이를 오르내리는 투명 엘리베이터와 마치 최첨단의 태양이라도 되는 듯 아래를 향해 내리쬐는 거대한 장식물. SF 영화 속 한 장면 같은 건물의 웅장한 내부에 "와" 하는 탄성이 저절로 흘러나왔다. 마치 누군가가 일부러 방문한 손님의 기를 죽이기 위해 만들어놓은 것 같은 화려하고 압도적인 모습은 가히 그 목적을 달성하고도 남았다.

나 외에 차례차례 도착한 각국에서 선발된 49명의 대표들이 이 압도적인 위용에 감탄하고 있을 무렵, 본사 직원이 내려와 반갑게 인사하며 우리를 안내했다. 그녀가 예상보다 조금 늦게 내려온 건 우리 모두에게 이 화려한 건물에 대해 더 감탄할 시간을 충분히 주기 위해서가 아닐까 하는 생각이 잠시 들었다. 그녀의 간단한 인사가 있은 후에야 비로소 세계에서 도착한 대표들도 현실로 돌아와 서로 인사를 나누었다.

본격적인 컨퍼런스에 앞서 회사의 내부 소개가 먼저 이루어졌는데, 처음에는 이 무슨 수학여행 같은 커리큘럼인가 생각되었지만, 이내 잘 구성한 기획이라고 결론지을 수밖에 없었다. J사는 그 역사와 명성에서도 유명했지만 크리에이티브한 공간 구성으로도 유명했기 때문이다.

J사의 내부 로비

뉴욕 본사 내부의 모습은 로비에서 나를 압도했던 화려한 분위기와는 조금 달랐다. 앉아 있는 것만으로도 창의적인 생각이 떠오를 것 같은 '크리에이티브'하면서도 편안한 회의 공간들. 긴장을 누그러뜨리는 파스텔 톤의 사무 공간과 그 따뜻한 느낌을 돋보이게 만드는 은은한 조명. 언제나 자유롭게 이용 가능한 카페테리아와 층층마다 갖춰진 샤워실까지.

뉴욕의 광고회사를 대표하는 J사의 내부는 그 명성에 걸맞게 세련되고 모던하면서도 창의적인 아이디어를 위해 고군분투하는 직원들을 배려한 따뜻하고 편안한 공간이었다.

심지어 스프레이 접착제 가루가 날리고 시안들이 널려 있어야 할 제본실마저 카페처럼 따뜻하고 온화한 느낌을 자아내고 있었다. 훌륭한 직원을 오래 붙잡아 두고 싶다면 연봉을 올리기보다 만족스러운 근무 환경을 만들어주라고 한 어떤 CEO의 말이 생각났다.

　나는 정말 수학여행에 따라나선 학생처럼 이곳 내부의 모습을 카메라에 담고 싶어졌다. 한국에 돌아가면 직원을 배려한 본사의 여러 가지 공간 활용 방법을 소개해야겠다고 생각한 것이다.

　직원을 우선시하는 공간 구조가 회사의 경쟁력에 어떤 영향을 미치는지, 딱딱한 환경에 직원들을 몰아넣고 양적인 결과만 요구하는 우리 직장 문화와 달리 세계 최고의 광고회사는 직원들을 어떻게 대하고 있으며 그것이 질적인 측면에서 어떤 차이를 불러오는지, 한국의 동료들과 공유하고 싶었다.

　다만 이곳 뉴욕 광고회사도 우리네 광고회사와 똑같은 면이 있었는데, 그것은 회의실 유리 벽을 가득 채운 기획서와 광고 시안들이었다. 세계 최고이자 최대의 광고회사라도 온 벽면에 한가득 기획서와 스토리보드를 붙여두고 광고주의 마음에 드는 시안을 고르기 위해 밤새 토론하고 고민해야 하는 점은 우리와 전혀 다르지 않았던 것이다.

　그렇게 벽면 가득한 시안들 앞에 서서 머리를 싸매고 고민하는 뉴욕의 광고인들을 보고 있노라니, 매디슨 애비뉴가 광고업계를 상징하는 것으로도 유명하지만 동시에 위장약이 가장 많이 팔리는 장소로도 유명하다는 사실이 떠올랐다. 그만큼 광고라는 직업은 국적을 불문하고 스트레스가 많은 직업 중의 하나인 것이다.

　바로 며칠 전까지 이들과 똑같은 모습으로 밤새우며 일하던 내 모습이 떠올라 가까운 약국에 가서 위장약 한 통을 사다 주고 싶은 마음마저 들었다.

　그렇게 동시에 일어나는 선망과 동정심, 그것이 바로 뉴욕 최대 광고회사가 나에게 남긴 첫 인상이었다.

*
**

30개국에서 도착한 49명의 대표들이 각자 준비해 온 PT 자료를 발표하는 것으로 컨퍼런스의 첫날은 가벼운 분위기에서 시작됐다.

이 다양한 외모와 피부색의 광고인들이 발표하는 자료에는 각 나라의 시장 변화와 광고계 흐름, 회사 현황과 트렌드 보고 등이 포함되어 있었다.

그 발표 내용들은 다른 곳에선 들을 수 없는 것들이었기에 모두 신선할 수밖에 없었다. 그 중에서도 가장 눈길을 끌었던 것은 바로 뉴욕 팀의 발표 내용이었다.

거기에는 뉴욕 내 세계 유명 브랜드들의 변화 추이에 대한 내용을 포함하고 있었는데, 당연히 스마트폰 트렌드에 대한 것도 있었다. 스마트폰 흥망성쇠의 대표적 브랜드로 노키아와 블랙베리를 언급한 것은 예상했던 내용이었다.

그리고 이제 아이폰을 제치고 삼성 핸드폰이 1위로 부상했다는 보고도 내겐 그리 놀라운 일이 아니었다.

세계에서 도착한 49명의 광고인들 중 다수가 이미 아이폰 대신 삼성 핸드폰을 사용하고 있었던 것이다.

그런데 내 눈길을 끈 것은 향후 변화에 대한 예측이었다. 뉴욕 팀은 단순히 현재의 시장 분석과 마켓 셰어(시장 점유율) 순위를 보고하는 것으로 발표를 끝맺지 않았다.

한발 더 나아가 브랜드의 혁신성에서 어떤 브랜드들이 세계 시장을 주도하고 있는지, 그리고 그들 중 어떤 브랜드가 미래 시장을 선도할지에 대한 보고를 이어나갔는데, 이에 따르면 안타깝게도 한국 기업은 50위 안에도 들지 못하고 있었다.

기술이란 측면에서는 한국 브랜드가 시장을 선도하고 있지만, 혁신의 측면과 미래 가능성이란 측면에서는 결코 향후가 밝지 않다는 것이 뉴욕 팀의 지적이었다. 이는 한국 브랜드들의 미래를 예견하고 기획해야 할 역할을 갖고 있는 내게 시사하는 바가 컸다.

　물론 나와 같은 일을 하고 있는 세계인들을 만난 경험이 이렇게 딱딱한 즐거움만 준 것은 아니었다. 광고와 트렌드에 대한 각국의 보고 외에도 내 관심을 끈 것이 있었으니, 바로 '수염'이었다.

　세계 각국에서 도착한 남자들 중에서 깔끔하게 면도한 사람은 한국인인 나와 일본인, 중국인 대표가 전부였다.

　우리 아시아인을 제외한 유럽, 중동, 아프리카의 남자들은 모두 힙스터(콧수염과 턱수염이 분리된 형태) 혹은 구티(콧수염과 턱수염이 연결된 형태, 일명 염소 수염) 스타일로 수염을 기르고 있었는데, 그 스타일이 그렇게 잘 어울릴 수가 없었다.

　만일 우리 아시아인이 그 정도로 길게 수염을 기른다면 정장을 입은 산적처럼 보일 것이 분명했지만, 유럽과 중동에서 온 광고인들은 그 수염 때문에 매우 세련되고 점잖은 분위기마저 풍기는 것이었다.

　오히려 그 얼굴에서 수염을 제거한다면 너무 매끈한 얼굴이 애송이 같은 느낌을 자아낼 것만 같았다.

　휴식 시간, 남자들끼리 모여 잡담을 나누는 동안 우리는 '동양인과 서양인의 수염의 차이'에 대해서도 이야기를 나누었다. 세계에서 도착한 다양한 얼굴의 남자들끼리 모여 이런 소재로 수다를 떨 수 있다는 사실이 나는 무척이나 흥미로웠다.

　그리고 이 날의 경험은 훗날 내가 한 면도기 브랜드의 광고를 만드는 데 중요한 배경이자 콘셉트가 되어주었다.

　그렇게 뉴욕 컨퍼런스는 줄곧 재미있고 흥미진진한 일로만 채워질 줄 알았다. 다양한 나라에서 모인 광고인들을 만난 신선한 재미에 빠져있던 우리들 중 그 어느 누구도 이후에 이어질 충격적인 시간을 예견한 사람은 없었다.

콘셉트, 콘셉트, 콘셉트

광고에 있어 콘셉트란 매우 중요한 역할을 한다.
광고에서 말하고자 하는 메시지, 광고가 전달하고자 하는 이미지,
브랜드가 추구하는 통일된 정체성 등을 모두 포함하고 있어야 하니까.
그래서 광고회사에서 가장 많이 듣고, 또 말하게 되는 단어 중의 하나가
바로 광고 콘셉트다.

그런데 아이러니하게도 광고 콘셉트가 뭐냐고 질문하면
그것을 한마디로 속 시원히 정의할 수 있는 사람은 거의 없다.
그나마 내가 선배들에게 배웠던 광고 콘셉트에 대한 유일한 기준은
광고 콘셉트는 '명사'여야 한다는 것 정도였다.

그런데 이 기준조차 이 광고를 통해 깨지고 말았다.
나는 "동양인의 수염은 서양인과 다르다." 는 문장으로 콘셉트를 제시했고
당시 크리에이티브 디렉터는 이 생각에 동의해 멋진 광고를 만들어냈다.
그리고 이 광고는 당시 클라이언트의 본사 임원으로부터도
지금까지 보지 못했던 날카로운 메시지라는 칭찬을 들었다.

그렇다면, 광고에 있어 콘셉트란 무엇일까?
나는 이렇게 말하고 싶다.

내가 광고를 통해 전달하고 싶은 메시지가 확고하다면,
그것은 형식을 떠나서 훌륭한 콘셉트가 될 수 있다고.
단, 그것을 가지고 제작팀과 클라이언트,
종국엔 소비자들까지 설득시키는 것은
오롯이 그 콘셉트를 제시한 기획자의 몫이다.

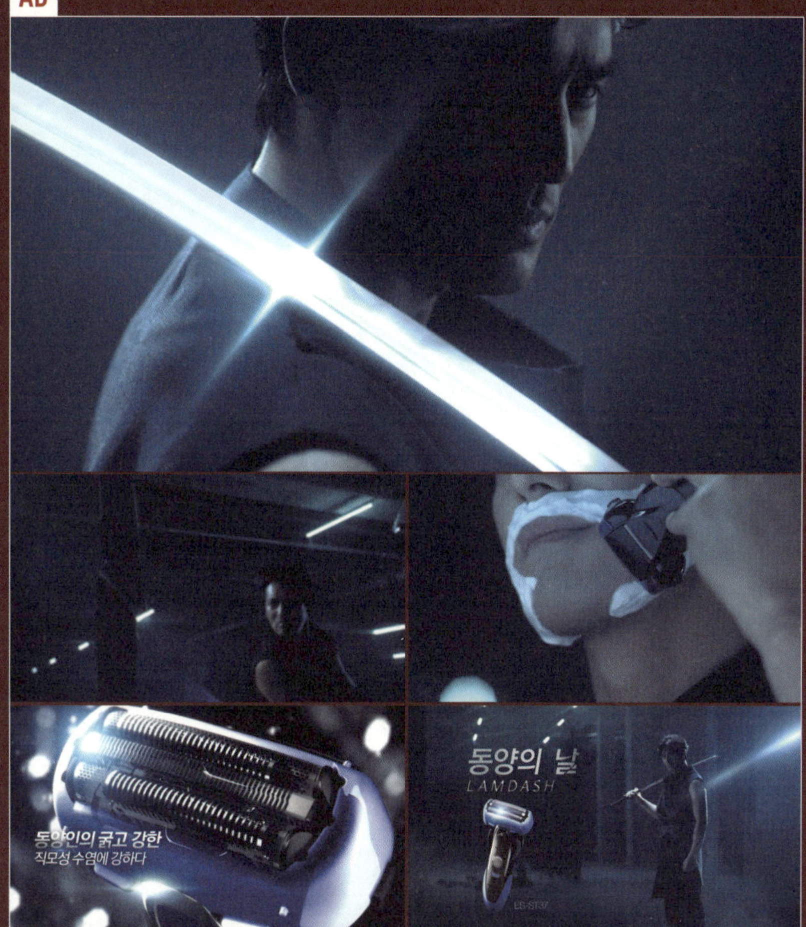

"동양인의 수염은 서양인과는 다르다"는 콘셉트로 제작했던 P사 TV 광고

당신들에게 실망했다

승진 가도를 달리던 인생.

모든 것이 뜻했던 바대로 이루어졌기에 후회도 의심도 없던 인생. 최고라고 자부할 순 없지만, 직장에서의 인정과 화목한 가정이 균형을 이뤄 누구 앞에서도 잘 살고 있다고 자만해오던 인생. 하지만 그런 자신감은 뉴욕 컨퍼런스의 두 번째 날에 여지없이 흔들리게 되었다.

이날의 커리큘럼은 리더십에 관한 내용이었다. 이름 하여 '리더십 트레이닝 코스'.

강사는 베스 바이센버거(Beth Weissenberger)라는 이름의 여성 심리학자였다.

처음 그녀를 소개받았을 때 어디서나 으레 이루어지는 리더십 강의를 기대했던 우리 모두는 좌중을 압도하는 그녀의 포스에 순간 긴장할 수밖에 없었다.

그도 그럴 것이, 머리가 다 굵을 만큼 굵어진 성인들을 모아 놓고 '리더십 트레이닝 코스'라니, 이 얼마나 구태의연한 커리큘럼인가. 분명 과장된 몸짓과 표정의 강사가 새로 개발된 리더십 프로그램을 들고 나와 사람들의 흥미와 관심을 좀 끌다가, 결국엔 회사가 추구하는 목적 달성을 위해 개인의 충성을 강화하는 정해진 결말로 귀결될, 말 그대로 뻔한 프로그램이었다.

게다가 말할 것도 없이 거기엔 미국의 선진 지식과 선진 시스템에 대한 보이지 않는 우월 의식이 바탕색처럼 깔려 있을 터였다.

이런 뻔한 프로그램 정도야 적잖은 사회생활을 통해 얼마든지 버텨낼 준비가 이미 되어 있었다. 그뿐이랴, 때때로 흥미 있는 척하면서 강사의 기분을 맞춰줄 준비마저 잘 되어 있었다. 하지만 만일 여기 모인 49명 중에 누구라도 그의 나라에서 아직은 낯설지도 모를 이 상업화된 프로그램을 무비판적으로 받아들이는 모습을 보게 된다면, 그건 과연 내가 견뎌낼 수 있을까 하는 괜한 걱정이 들기도 하였다.

그런데 소개받은 강사의 이미지는 이런 나의 선입견과는 너무나도 거리가 멀었다.

팀 버튼의 영화에나 딱 어울릴 것 같은 깡마른 외모에, 원한다면 마음속 깊은 곳까지 들여다 볼 수 있을 것 같이 움푹 들어간 눈. 블랙인지 자주색인지 알 수 없는 고상하면서도 위엄 있는 민소매 원피스와 그 위에 숄을 걸친 옷차림. 게다가 그녀의 낮게 깔리는 음성은 그녀를 소개해준 본사 인재개발팀장 로라의 목소리를 너무나 과장된 친절함으로 느끼도록 만들어버렸다.

어쨌거나 소개가 끝나고 드디어 그녀가 마이크를 이어받자, 어제부터 이어지던 칵테일파티처럼 흥분된 분위기는 긴장감으로 확 바뀌었다. 아니, 그녀의 등장으로 비로소 어제부터 우리가 약간 흥분된 상태에 빠져 있었음을 자각할 수 있었다. 만일 누군가가 5분 전의 흥겨운 분위기를 되찾겠다는 생각에 가벼운 미국식 농담이라도 건넨다면 얼음장처럼 차가운 지적과 함께 본국으로 쫓겨날 것만 같았다.

소개를 끝낸 로라가 자리를 비우고, 베스는 그녀만의 포스 넘치는 분위기로 홀의 가운데까지 조용히 걸어와 낮고 무게감 있는 목소리로 첫 번째 말을 내뱉었다.

Promotion

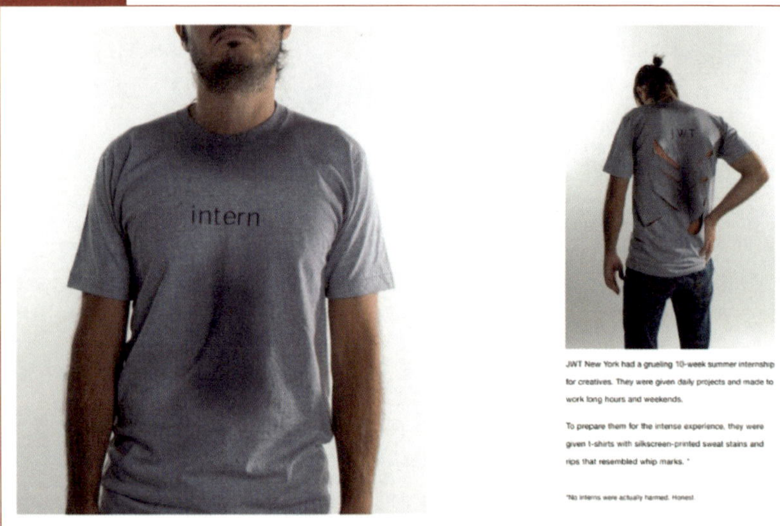

매일 새로운 아이디어를 짜내야 하는 광고회사의 강도 높은 업무 스트레스는 뉴욕이라고 다를 바 없었다.
위 프로모션은 뉴욕 J사 내부에서 진행한 이벤트 중 하나. 워크숍 기간 동안 더 열심히 아이디어를 내라는 의미에서
등엔 채찍 자국이 나 있고 가슴엔 땀자국이 벤 티셔츠를 만들어 입었다. (물론, 위트다.)

Image Resource :

https://www.adsoftheworld.com/media/direct_jwt_intern_shirts

"여러분들이 낸 리포트를 받아보았습니다."

'아, 그 리포트……!'

그래, 한국에서 출발하기 전 리포트를 요청 받았었다.

그 리포트에는 각국 대표로서 컨퍼런스에서 발표해야 할 각국 광고계의 흐름 분석과 대처 방안 등이 포함되어 있었고, 그 외에 이런 과제를 왜 해야 하는지 도무지 이해하기 어려운 일종의 심리검사 같은 것도 함께 담겨 있었다. 그 심리검사에는 삶에 대한 만족도 평가 같은 항목 외에도 그것을 통해서 조직에 대한 충성도를 유추해볼 수 있을 만한 속임수 항목들도 포함되어 있었다. 이 심리검사는 한마디로 J사의 충성스런 직원으로서의 자질을 검증하기 위한 일종의 양심 검증처럼 이해되었다.

'그 양심 침범 수준의 심리검사가 바로 이 사람이 내준 과제였구나.'

하지만 걱정할 것 없었다. 대학 입학을 위한 자기소개서, 군 입대 전에 치르는 정신 상태 검증을 위한 심리검사서, 입사나 이직 전 사회성을 검증하기 위해 치르는 심리테스트까지…… 그런 류의 심리검사야 이미 한국에서 수도 없이 해본 것이잖은가.

이런 유의 검사가 피검사자에게 원하는 결과는 뻔한 것이었다. 얼마나 긍정적 마인드를 소지하고 있는지, 얼마나 불합리한 환경과 지시 속에서도 불만 없이 조직이 원하는 결과를 이끌어낼 수 있는지, 또 상사나 동료들과의 갈등 속에서도 얼마나 원만한 해결을 이뤄낼 수 있는지.

결국 조직의 안위를 위해 개인의 개성과 능력을 얼마나 포기할 수 있는지를 검증하기 위한 테스트들이었다.

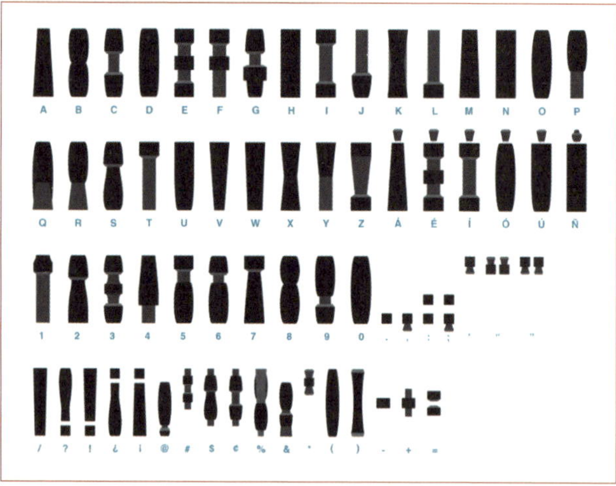

위 글씨가 무슨 의미인지 알아보겠는가?

J사의 뉴욕 본사는 재미있는 캠페인을 많이 진행했는데 위 광고는 Fake News에 대한 경각심을 높이기 위한 캠페인이었다.

알아보기 힘든 위 글씨들은 입체적으로 만든 알파벳을 돌려세운 이미지다. 넘쳐나는 가짜 뉴스들을 그냥 넘어가지 말고 좀 더 신중하게 살펴보자는 취지를 담고 있다.

정답: SEE ALL THE ANGLES. (모든 각도에서 보라)

Image Resource :

https://www.jwt.com/en/work/seealltheangles

따라서 이런 유의 테스트는 그저 모든 답을 긍정적이고 밝고 희망차게 기술하면 그만이었다. 만일, 이 테스트에 숨어있는 함정에 빠져 회사에 대한 불만이나 내 포지션과 봉급에 대한 불만을 드러낸다면, 그는 이 테스트에서 불합격인 것이다.

이런 유의 테스트가 귀찮은 점은 불합격이 그냥 불합격으로 끝나지 않는다는 것이다. 인사팀의 블랙리스트에 이름이 올라갈 것이고, 인사팀장에게서 연락이 와서는 어떤 점이 불만인지 더 구체적인 설문을 작성하게 될 것이며, 이어지는 교육을 통해 주어진 상황에 만족할 줄 아는 태도를 배우게 될 것이다. 그런 불편하고 귀찮은 추궁을 받지 않으려면 그저 질문이 요구하는 답을 미리 알고 원하는 답을 제출하는 게 최선이었다. 그리고 나는 그 최선이 무엇인지 잘 알고 있었기에 조직이 요구하는 답을 만족스럽게 제출한 상황이었다. 모든 항목에 대해 불만 없이 만족하고 있다고 답을 한 것이다. 그래서 자신만만했다.

그녀의 말이 이어졌다.

"여러분의 리포트를 보고 정말 실망했습니다."

저런……. 여기 모인 사람들 중 누군가 이런 유의 테스트가 갖고 있는 함정에 빠져 불만족스러운 답을 한 것이 분명했다. 하긴, 각종 시험에 익숙한 한국인이 아니라면 그럴 수도 있겠다는 생각이 들었다.

그런데 다음에 이어지는 그녀의 말이 나를 더 놀라게 했다.

"여러분들 모두에게 실망했습니다!"

'모두에게 실망했다고? 이건 또 무슨 말이지……?'

난 분명 '정답'을 제출했다. 이런 유의 테스트엔 이미 익숙해서 실수했을 리가 없었다. 난 각종 주입식 교육과 각종 시험들을 통해 문제 제출자가 원하는 답을 쓰는 법을 너무나 잘 알고 있었다. 그런데 '모두'에게 실망했다니. 이게 무슨 의미인지 나는 쉽게 이해하지 못했다.

"당신들은 30개국의 광고회사를 대표하는 사람들이라고 들었습니다.

그런 광고인들이라면 매우 창의적인 사람들 아닌가요?

그런데 놀랍게도 단 한 사람의 예외도 없이 모두 현재 처한 상황에 대해 매우 만족한다고 답하고 있었습니다. 하나같이 지금 직장에 만족하고, 지금 직업에 만족하고, 지금 생활에 만족하고 있었습니다.

그럼, 제가 묻겠습니다.

당신들은 불만이 없는 사람들입니까?

당신들은 비판 의식이 없는 사람들입니까?

당신들은 더 나은 삶에 대한 열정이 없는 사람들입니까?

당신들은 꿈이 없는 사람들입니까?"

'불만이 없는 사람들……. 열정이 없는 사람들……. 꿈이 없는 사람들?'

그녀의 말에, 아, 나는 적잖이 충격 받았다.

그녀의 테스트에 내가 생각한 함정 따위는 없었다. 그녀는 그저 우리가 얼마나 현재 삶에 불만족하고 있는지. 그래서 더 나은 삶을 위해서 얼마나 투쟁할 준비가 되어있는지. 그리고 어떤 꿈을 향해 달려가고 싶은지를 묻고 싶었던 것이다. 내가 평소에 좋아하던 오리아 마운틴 드리머가 그의 시 「초대」에서 무엇을 고민하며 어떤 꿈을 간직하고 있느냐고 질문했던 것처럼.

나는 내 삶에 대해 지금껏 자만하고 있었단 사실이 부끄러웠다. 또한 그녀의 진솔한 질문에도 불구하고 내가 파놓은 함정에 내 스스로 빠져버린 어리석은 모습이 부끄러웠다.

나 역시 어느덧 타인의 성적표에 따라 내 행복을 가늠하는 사람 중의 하나가 되어 있었고, 그 적나라한 모습이 그녀의 매우 진솔하고 단순한 질문 앞에서 고스란히 드러나고 말았다. 그 충격이 얼마나 컸던지, 다른 나라에서 온 모든 친구들이 어떻게 나처럼 그저 삶에 만족하고 있다고 일괄적으로 대답할 수 있었는지 따위는 궁금하게 여겨지지도 않았다.

"여러분들이 보내준 리포트로 여기서 함께 토의하는 것은 아무런 의미가 없을 것 같습니다. 대신, 지금 종이를 한 장씩 꺼내서 내가 말하는 것을 적어보세요."

나는 어느덧 '눈의 여왕'에게 영혼을 빼앗겨버린 안데르센 동화의 카이처럼 그녀가 시키는 대로 순순히 따라가고 있었다. 그녀의 음성은 처음 실망감을 드러냈을 때보다는 훨씬 온화해졌지만, 여전히 단호하고 힘 있었다.

"여러분 인생에서 꼭 이루고 싶은 것, 하지만 여러분이 살아생전 결코 이룰 수 없을 것 같은 것을 적어보세요!"

'꼭 이루고 싶은 것? 그러나 내 인생에서 결코 이룰 수 없을 것 같은 것?'

이런 이상한 질문을 받아본 적이 없던 나는 당황했다. 질문을 받아보기는커녕 생각해본 적도 없었다.

'어차피 이룰 수 없을 것 같은 것을 누가 생각해본단 말인가…….'

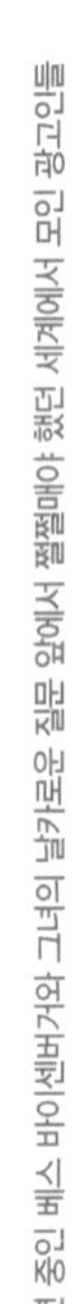

강연 중인 베스 바이센버거와 그녀의 날카로운 질문 앞에서 쩔쩔매야 했던 세계에서 모인 광고인들

이런 익숙하지 않은 상상을 떠올리는 데에는 꽤 오랜 시간이 걸렸다. 심지어 이런 비이성적인 상상을 떠올려도 되나 하는 생각에 두려움 비슷한 감정까지 들고 있었다. 약간 떨리고 있는 내 손이 그 두려움을 고스란히 보여주고 있었다.

'꼭 이루고 싶지만, 이룰 수 없는 것…….'

이 말을 계속 되뇌며 노트에 뭐라고 적었다. 그리고 홀린 듯 나도 모르게 적은 글에 누구보다도 내 자신이 놀라고 말았다.

'광고로 세상을 치유하고 싶다.'

내 눈앞에 놓인 하얀 종이 위에 이렇게 쓰여 있었던 것이다.

　무슨 이유에서인지는 알 수 없지만, 마치 알몸이 드러난 것 같은 기분에 재빨리 노트를 가리고 싶었다.
　하지만 그러지 않았다.
　베스는 다음 이야기를 이어갔다.

　"회사에서의 승진, 더 높은 연봉, 더 나은 회사로 이직. 이런 것들을 여러분의 꿈이라고 말하지 마세요.
　적어도 꿈이란 지금 여러분의 종이 위에 적힌 것. 그것이야말로 꿈이라는 이름을 받을 자격이 있습니다.
　자, 이제 지금 흰 종이에 적은 당신들의 꿈을 위해 여러분들이 어떤 삶을 살고 있는지 이야기해봅시다."

*
**

　크리스토퍼 놀런 감독의 영화 「인셉션」에서는 한 사람의 인생을 움직이는 원동력이 되는 하나의 생각, 즉 '인셉션'을 마음속 깊은 곳의 금고에 숨겨둔 하나의 물건인 '토템'으로 상징화해서 보여주었다.
　그날 나는 내 인생을 움직여온 단 하나의 생각, 내 스스로도 인지하지 못했던 '나'의 진짜 꿈인 내 마음속 금고에 숨겨두었던 토템을 꺼내어 직시하고 있었다.
　그런데 나도 몰랐던 꿈, 나도 몰랐던 토템을 발견한 환희는 그 이룰 수 없는 비현실성과 그래서 더 간절해지는 갈증으로 인해 오히려 절망에 가까운 감정으로 모습을 바꾸고 있었다. 내 머릿속에서는 기쁨보다는 수많은 질문과 후회 같은 것들이 밀려오기 시작했다.

　'광고로 세상을 치유하고 싶다구?

베스의 강연 이후 서로의 고민에 대해 이야기를 나누었던 뉴욕에서 만난 광고인들

내가 10여 년 전 뉴욕에서 광고인이 된 내 자신의 모습을 그리고 있을 때 이미 내 속에는 이런 꿈이 꿈틀대고 있었던 것일까?

만일 이것이 내 진정한 꿈이라면 나는 지금 그걸 향해서 제대로 걷고 있는 걸까?

나도 어느덧 타성에 젖어 그저 물건을 팔기 위해 소비자를 기만하고 상업적인 광고만 찍어대고 있는 건 아닌가?

아니, 애당초 광고가 과연 더 나은 세상을 만들 수 있는 기능을 지니기는 한 것일까? 자본주의의 결과물인 광고가 세상을 따뜻하게 만든다는 상상 자체가 이미 불가능한 꿈 아닐까?

그렇다면 나는 불가능한 꿈을 꾸고 있는 것일까?

하지만 내 진짜 바람이 무엇인지 알게 된 지금, 그것을 묵과하고 과거처럼 살아갈 수 있을까?'

이런 복합적인 질문들이 짧은 시간 동안 무수히 내 머릿속을 채워, 이어지는 베스의 강연에조차 집중할 수가 없었다.

인상 깊었던 베스의 첫 강연이 끝나고 휴식 시간을 이용해 다들 모인 자리, 지구촌 구석구석에서 온 49명 모두 나만큼이나 충격을 받은 눈치였다.

다들 마치 순수한 아이로 돌아간 것처럼 꽁꽁 숨겨 놓았던, 또는 알지 못했던 자신들의 꿈에 대해 수다를 떨어댔고, 그 중엔 심지어 자기 나라로 돌아가면 당장 다른 직업을 찾아봐야겠다고 진담 섞인 농담을 꺼내는 친구들도 있었다.

이렇게 숨겨두었던 이야기를 꺼낸 우리들은 각국의 트렌드나 회사 사정을 이야기하던 종전에 비해 훨씬 허물없는 사이가 되어 있었다.

이어지는 베스의 강의 시간은 훨씬 밝아졌고, 한 번 마음을 터놓은 사람들은 숨김없이 자신들의 깊은 이야기까지 공유할 수 있었다.

나는 평생 언니에 대해 열등감을 갖고 살아야 했던 남아공의 한 카피라이터의 이야기를 들을 수 있었고, 아버지와 어머니에 대한 사랑이 각별했던 브라질에서 온 미디어 플래너의 훈훈한 이야기도 들을 수 있었다. 또 그들은 아버지로부터 받은 상처에서 벗어나기 위해 오랜 세월 고군분투했던 '한국에서 온 광고인'의 이야기도 주의 깊게 들어주었다. 몇몇 광고인들은 나의 이야기가 끝난 후 내게 찾아와 자기네 나라에서도 아버지와의 관계는 비슷한 어려움이 있다며, 내가 무슨 이야기를 한 것인지 공감한다며 특별한 위로까지 더해주었다.

우리는 그렇게 마치 크리스마스 저녁 식사에 모인 가족 같은 분위기 속에 젖어들고 있었고, 다신 누릴 수 없는 이 특별한 시간을 함께하고 있었다.

**
**

다음 날부터의 컨퍼런스는 통상적인 스케줄로 이어졌다. 우리는 번갈아가며 자국의 광고계 흐름과 향후 광고 전략 등을 발표했고, 변화하는 시장 속에서의 대처 방안 등을 공유했다.

이미 마음의 문을 연 49명은 컨퍼런스라곤 믿기 힘들 만큼 화기애애한 분위기 속에서 회의를 이어갔다. 공식적이거나 경직된 태도는 온 데 간 데 없었고 마치 오랫동안 부대끼며 함께 일해오던 동료들처럼 서로의 발표 시간에 농담 섞인 칭찬을 아낌없이 던지며 유쾌한 분위기의 컨퍼런스를 만들어갔다. 그리고 열흘간의 컨퍼런스가 마무리 되어갈 즈음엔 헤어지는 것이 너무나 아쉬워 안부라도 주고받자며 서로의 연락처를 나누었다.

더러는 며칠 더 뉴욕에 남아서 함께 여행할 계획을 세우는 친구들도 있었다. 또 더러는 오늘 저녁만큼이라도 가까운 바에 가서 한잔씩 나누자고 권하기도 했다. 그런 친구들에겐 내가 일일이 걸어 다니며 발견했던 핫 플레이스나 한국어가 능통했던 택시 기사가 알려주었던 멋진 바들을 추천해주었다.

나 역시 그들과 뉴욕에서의 마지막 시간을 보내고 싶었지만, 그 전에 꼭 해야

할 일이 있었다. 매디슨 애비뉴와의 작별 인사였다.

그냥 이대로 떠나버리기엔 내게 꿈을 심어준, 나를 다시 불러준 매디슨 애비뉴가 너무 특별했기에, 그에 어울리는 작별 인사를 하고 싶었다. 그렇지 않으면 나만큼이나 이 도시도 너무나 서운해 할 것만 같았다.

뉴욕에 도착했던 첫날 그랬던 것처럼 나는 골목골목을 걸으며 작은 소리로 작별 인사를 고했다. 이런 시간이 다신 오지 않을 것을 잘 알기에 한 장면 한 장면, 한 장소 한 장소에 모두 애정을 담아 잘 있으라고 나직이 인사를 남겼다.

그리고 마지막으로 18세기의 뉴욕으로 돌아간 것 같은 낭만적인 착각을 주었던 루즈벨트 호텔의 내 방과도 작별 인사를 나누었다.

그렇게 나에게 의미 있었던 모든 장소들과 작별을 고했다고 생각하던 그때, 상상도 못했던 진짜 작별 인사가 내 방문 앞에서 나를 기다리고 있었다.

호텔 청소부 복장을 하고 있는 나이 지긋한 흑인 아주머님이 문 앞에 서 계

섰다. 내가 나오는 것을 기다리고 계셨던 것이 분명한 그 모습에 나는 순간 놀라서 멈춰 섰다.

내가 혹시 호텔을 이용하며 잘못한 일이라도 있었나 하는 걱정이 머리를 스치는 중에, 어딘가 지적이면서도 점잖은 음성으로 아주머님이 내게 질문을 하셨다.

"선생님, 이 방에 묵으신 분이 맞으시지요?"

"네? 아, 네 맞습니다……."

그러자 아주머님은 매우 정중한 태도로 뜻밖의 말씀을 하셨다.

"고맙습니다……."

컨퍼런스가 있는 열흘 동안 사실 나는 방을 거의 사용하지 않았다. 매일 일과가 끝나면 길지 않은 시간을 그저 방에만 있는 것이 아쉬워 뉴욕 이곳저곳을 돌아보거나, 갓 친해진 세계의 광고인들과 늦은 시간까지 맥주를 마시고는 밤늦게 들어와 잠을 청하기에 바빴다. 심지어 나는 캐리어에 있는 내 짐도 거의 꺼내두지 않았는데, 반드시 펴서 정리해야 하는 정장이나 구두를 제외하곤 호텔 벽장에 옷이나 물건들을 넣어두는 것이 더 번거롭고 불편했기 때문이다. 대신, 출장을 떠날 때마다 캐리어에 입을 옷과 사용할 짐들을 꺼낼 필요 없도록 미리 잘 정리해서 넣어오곤 했었다.

그렇다 보니 이 호텔에 머무르는 내내 샤워실 수건을 바꾸는 것 외에는 크게 청소할 일이 없었다. 그럼에도 나는 매일 아침 방을 나설 때면 침대 머리맡 전화기 아래에 반드시 팁을 넉넉히 넣어 두었다. 내가 평소 정이 많거나 팁에 관해 헤픈 사람이기 때문은 결코 아니었다. 나 역시 팁 문화가 익숙하지 않은 사람으로서 팁을 낼 때마다 손을 벌벌 떠는 사람 중 하나였다.

하지만 이곳 뉴욕에선, 특히 이곳 루즈벨트 호텔에선, 평소보다 팁을 더 넉넉히 주고 싶었다. 왜냐하면 누구에게든 감사하고 싶었기 때문이다. 내게 처음 이 뉴욕의 광고인이 되라고 꿈을 심어준 존재, 그리고 다시 나를 이곳 뉴욕으로 초청해준 존재. 만일 그런 존재가 실제로 존재한다면 나는 그에게 감사의 표현을 하고 싶었던 것이다.

그러나 나는 그 존재를 알 수도 찾을 수도 없었기에, 대신 새벽부터 일어나 성실히 일하는 누군가에게 그 존재를 대신해 내 감사의 마음을 표현하고 싶었다. 그리고 그 감사의 표현 방식이 바로 넉넉한 팁이었던 것이다. 지금 내 앞에서 계신 아주머니는 내가 의도하지 않은 작은 일에 대해 진심을 담아 감사의 말을 하고 계셨고, 나는 그 앞에서 무슨 말을 해야 할지 몰라 당황하고 있었다. 나이 지긋하신 이 흑인 아주머님의 온화한 모습 앞에 서서 잠시 고민하다, 이내 나 역시 진심을 담아 대답했다.

"아뇨, 제가 더 고맙습니다……."

어떤 형식적인 인사보다 더 진심에서 우러난 말이었다.

그리고 이로써 내가 정말 감사하고 싶었던 누군가에게 대한 인사를 대신할 수 있게 된 것 같았다. 이보다 더 좋은 작별 인사, 이보다 더 훌륭한 여행의 끝맺음은 있을 수 없을 것 같았다.

내게 꿈을 심어주었고, 다시 나를 불렀으며, 또 내 인생을 뒤흔들어 놓은 뉴욕으로의 여행은 이렇게 마무리되고 있었다.

*
**

한국에 돌아와서도 뉴욕에서 받은 충격의 여운은 좀처럼 가시지 않았다.

회사 동료들은 마치 금의환향한 항우를 맞아준 초나라 사람들처럼 내가 돌아오자마자 기다렸다는 듯 내 주위로 몰려들었다. 뉴욕이 얼마나 화려한 도시였는지, 세계에서 가장 큰 광고회사의 미국 본사는 어떤 곳이었는지, 또 그곳에서 만난 세계의 광고인들은 어떤 사람들이었는지, 호기심 가득한 얼굴로 물어왔다.

나 역시 그들을 실망시키고 싶지 않아 그들이 만족할 만한 답을 해주었다. 뉴욕이 얼마나 화려하고 매력적인 도시였는지. 뉴욕의 광고회사는 얼마나 크고 웅장했으며, 그 시스템과 복지는 또 얼마나 선진화되어 있었는지. 세계에서 모인 광고인들은 얼마나 열정적이었으며 그들을 만난 기쁨과 설렘은 또 얼마나 신선하고 충격적이었는지.

동료들은 그들의 기대에 부응한 내 대답을 듣고서야 모두 꿈꾸는 듯한 표정을 품고 자리로 돌아갔다. 물론 그들이 내 이야기를 들어준 것에 대한 보답으로, 또 내가 자리를 비운 동안 내 업무를 대신해준 것에 대한 보답으로 뉴욕에서 반나절을 할애하여 사 들고 온 선물을 품에 안고 가는 것도 잊지 않았다.

하지만 정작 내가 진짜 나누고 싶은 이야기, 그러니까 내가 뉴욕에서 직면한 꿈에 대한 이야기를 공유할 수 있는 사람은 거의 없었다.

당연했다. 앞날이 밝은 광고인으로서 세계 광고의 중심인 뉴욕까지 초청되었지만, 그곳에서 아이러니하게도 광고인으로서의 삶에 대해 의심을 품게 되었고, 자본주의의 꽃이라 불릴 만한 맨해튼 한가운데서 꿈이라는 매우 비합리적인 상상을 품게 되었으니까. 나아가 그 허무맹랑한 상상이 내 인생을 통째로 흔들어놓을지도 모르겠다는 이야기를 진솔하게 나눌 수 있을 만한 사람은 거의 없었다.

하지만 선악과를 따 먹어버린 아담의 눈에 세상은 이미 이전과 같지 않았다. 화장기를 걷어내고 직시하게 된 광고인으로서의 삶은 결코 이상적이지도 낭만적이지도 않았다. 선배들에게 배웠던 광고인으로서의 철학은 온 데 간 데 없었고, 광고인은 광고주의 흥신소로 전락해버린 것이 지금의 현실이었다. 더 나은 세상을 위한 광고를 하겠다는 이상은 철모르는 어린아이의 유치한 주장에 불과했고, 실적을 올리기 위해 광고주의 각종 심부름을 해내야 하는 갑을관계의 비참한 현실만 존재했다. 그리고 그 심부름에는 아주 가끔 부적절한 요구도 포함되어 있었다.

뉴욕에서 돌아온 지 1년이 다 되어가도 내가 걷고 있는 길에 대한 의심과 가야 할 길에 대한 갈증은 가실 줄 몰랐다. 이대로 살아간다면 과연 광고인으로서 후회 없는 마무리를 할 수 있을지…… 끝없는 회의에 시달렸다.

결국 결단은 내 몫이었다. 이런 현실과 꿈의 괴리에도 불구하고 지금처럼 가던 길을 계속 걸을 것인지, 아니면 이제는 알게 된 진짜 이상을 향해 방향 전환을 할 것인지 결정을 내려야만 했다. 어디서부터 어떻게 삶의 방향을 재조정해야 할지 여전히 알 수 없었다. 하지만, 내가 할 수 있는 아주 작은 한 걸음이라도 내딛어보기로 했다. 그리고 그 첫걸음은 상처 입은 세상을 만나는 것에서부터 시작될 수 있을 것 같았다.

자본주의로부터 상처 입은 세상, 서구 열강 중심의 문화로부터 상처 입은 세상을 직접 만나 보는 것. 그리고 그 속에서 나와 같은 고민을 하고 있을 다른 나라의 광고인들이 어떤 노력을 하고 있는지 확인해보는 것이 내가 뗄 수 있는 첫 발걸음이라는 생각이 들었다. 그리고 그 속에서 과연 광고가 더 나은 세상을 위해 어떤 긍정적인 역할을 할 수 있는지, 그 가능성을 내 눈으로 확인해보아야 할 것 같았다. 그것만이 광고인으로서 후회 없는 후반전을 준비할 수 있는 유일한 방법일 것 같았다. 이는 분명 빙 돌아가는 길이 될 테지만, 광고인으로서 꿈꾸던 종착점에 도달하기 위해서라면 반드시 거쳐야만 할 중요한 과정처럼 여겨졌다.

동료들의 만류에도 불구하고 잠시 회사 생활은 접어두기로 했다. 그리고 순례의 길을 떠나 듯 서구식 자본주의로부터 상처 입은 세상, 서구 백인 중심의 교육과 문화에서 소외되었던 세상 속 광고인들을 만나기 위한 여행을 준비했다. 마치 10여 년 전 진정한 '나'를 찾기 위해 종착지 없는 여행을 떠났던 그때처럼.

다시 결말을 알 수 없는 목적지를 향해 여행 가방을 챙겼다.

당신이 생존을 위해 무엇을 하는가는
내게 중요하지 않다
당신이 무엇 때문에 고민하고 있고
자신의 가슴이 원하는 것을 이루기 위해
어떤 꿈을 간직하고 있는가 나는 알고 싶다 .

– 오리아 마운틴 드리머의 시「초대」중에서 –

광고의 두 전설

광고는 과학일까, 예술일까?
아니, 이 어려운 질문에 앞서
위 두 광고 중 어느 광고가 더 마음에 드는지 먼저 이야기해보자.
왼쪽 광고는 광고의 아버지라 불리는 데이비드 오길비의 광고이고,
오른쪽은 광고계의 예술가라 불리는 빌 번벅의 광고이다.
두 사람 모두 광고계의 거장이자
가장 존경 받는 전설들이었다.

Image Resource :

http://www.kenburnett.com/Archive7homagetothemaster.html
https://medium.com/theagency/the-ad-that-changed-advertising-18291a67488c

데이비드 오길비는 '광고는 과학이다.'라고 믿었다.
그는 매출을 일으키지 않는 광고는 광고가 아니라고 주장했으며
팔리는 광고를 만들기 위해 원칙을 중요하게 생각했다.
그가 주장한 원칙 중에는 '반드시 뉴스를 포함하는 긴 헤드라인을 쓸 것'이라는
원칙이 있었으며 그 원칙 속에서
"시속 60마일로 달리는 롤스로이스 안에서 들리는 소음은 시계 소리뿐입니다."라
는 명카피와 히트 광고가 탄생했다. (왼쪽 그림)

빌 번벅은 이런 오길비의 생각에 반대했다.
그는 광고는 과학이 아니라 아트라고 믿었다.
그는 '광고에서 중요한 것은 무엇을 말하느냐가 아니라, 어떻게 말하느냐며,
구매는 수학 공식처럼 논리적으로 이루어지는 과정이 아니다.'라고 주장했다.
그는 이런 철학 속에서 기존의 광고 형식을 타파하고
제품을 극도로 작게 보여주고 헤드라인을 줄인 파격적인 광고를 만들었으며
이 광고 역시 어마어마한 반향을 일으키고 말았다. (오른쪽 그림)

과연, 두 사람의 광고 중 어느 광고가 옳을까……

정답은……
없다…….

왜냐하면 좋은 광고의 여부는 결국 소비자가 결정하며,
소비자는 시대와 환경에 따라 항상 다른 결정을 하기 때문이다.
그리고 그 결정이 어떤 방향으로 내려질지는 그 누구도 예견하지 못한다.
그래서 지금도 광고회사 안에서는
수많은 오길비들과 수많은 빌 번벅들이 치열하게 서로의 주장을 펼치고 있으며
그 치열한 싸움의 과정 속에서 가장 훌륭한 광고들이 탄생하고 있다.

POLICE
BJK
1903

I left Madison Avenue.

2부

이슬람 세계의 광고를 경험하다

나는 매디슨 애비뉴를 떠났다

터키는 갈등한다

"세상에! 이 먼 곳까지 오시느라 정말 수고 많았어요! 촬영장까지 찾아오는 데 어려움은 없었나요?"

호탕한 태도로 내게 다가와 인사를 건넨 이 사람은 터키의 메이저 광고회사 M사의 크리에이티브 디렉터 아이체 칸이었다.

"아니에요, 어렵지 않았어요. 이제는 인터넷 지도 덕분에 세상 어디든 찾아가지 못할 곳이 없더군요!"

아이체를 만난 곳은 터키의 한 촬영장이었다. 내가 방문하던 날 마침 그는 촬영이 있어 스튜디오에 나와 있었는데, 괜찮다면 내게 촬영 스튜디오로 와달라고 부탁했던 터였다. 지금 촬영을 들어가면 적어도 며칠간은 회사에 들어갈 시간이 없기 때문이었다. 나 역시 방해가 되지 않는다면 스튜디오를 찾아가보고 싶다고 말했다. 터키의 광고인을 만날 수 있다는 기쁨 외에도 그들의 촬영 현장을 볼 수 있다는 것은 광고인으로서 더할 나위 없이 신나는 일이었기 때문이다.

세계의 광고인들을 만나보기로 결정하고, 그 첫 번째 나라로 터키를 선택한 데에는 크게 두 가지 이유가 있었다.

첫 번째는 바로 뉴욕에서 만났던 하칸이었다. 그는 내 인생에서 처음 만나는 터키 사람이었는데, 짙은 눈썹에 부리부리한 눈, 사람을 주눅 들게 하는 낮고 굵은 목소리, 영화 「레옹」의 장 르노를 연상시키는 강렬한 이목구비가 결코 처음부터 호감을 주는 인상은 아니었다. 오히려 그를 보고 있노라면 약간의 위압감이 들어 나는 그를 슬슬 피했었다.

그런데, 무슨 이유에서였을까. 그는 그런 나를 멀리하지 않았다. 오히려, 터키인 특유의 따뜻하고 배려 깊은 성격으로 차갑고 낯설었던 뉴욕 컨퍼런스에서 내게 너무나 든든한 친구가 되어 주었다.

그는 내게 터키라는 나라를 소개하며, 세상에서 가장 따뜻하고 친절한 사람들이 사는 곳이니 언제든 꼭 한 번 여행을 해보라고 말했었다. 그의 따뜻한 성품과 친절함이 이미 그것을 증명하고 있었기에 나는 언제고 터키를 꼭 방문해보고 싶었다.

두 번째 이유는 이슬람 세계의 광고에 대한 호기심이었다. 나는 대학에서 영문학을 전공했다. 그리고 직업으로 미국식 자본주의가 배경으로 작용하고 있는 광고업을 택했다. 이런 일련의 과정을 거쳐 오면서 나는 어느덧 서구식 사고방식에 젖어 있었다.

이것은 백인, 유럽, 기독교 문화를 역사의 중심으로 두고 그 외의 문화권을 타자(他者)로 삼는 서구의 이분법적 사고방식을 포함하는 것이었다.

이 이분법 속에서 이슬람 세계는 타자였고, 심지어 공공의 적이었다. 이슬람

터키를 대표하는 블루 모스크 이슬람 사원의 내부 정경

하면 하루 다섯 번씩 알라에게 기도 올리는 무슬림들, 무엇인가 비밀을 감추고 있을 것만 같은 히잡을 쓴 여인들, 터번을 두르고 반달 모양의 큰 칼을 찬 무사들, 그리고 테러……, 이런 단어들이 가장 먼저 떠올랐다. 이러한 사실은 내가 이미 서구 중심의 문화에 깊이 물들어 있음을 증명하는 것이었다.

소외된 세상의 광고 세계를 만나보리라 결심했을 때 가장 먼저 이슬람 세계가 떠오른 것도 바로 이런 선입견에 대한 자각의 결과였다.

각종 헐리웃 영화들과 유럽 중심의 교과서들 속에서 매번 정복해야 할 대상이자 이교도 집단으로 묘사되어왔던 이슬람 세계의 진짜 모습은 과연 어떠할지 궁금해졌던 것이다.

나아가 서양식 사고방식과 편견이 가득한 지금의 세상 속에서, 이슬람의 광고인들은 어떤 광고를 만들고 있으며 어떤 편견이나 고정 관념들과 싸우고 있는지 나는 너무나 궁금했다.

이런 궁금증을 안고 이슬람 세계의 광고회사를 방문해보기로 마음먹었고, 그중 광고 산업이 가장 활발한 나라 중의 하나인 터키를 찾아가보기로 결정했던 것이다.

그리고 터키의 광고회사들을 수소문해본 끝에 영향력 있는 몇몇 광고인을 소개받을 수 있었는데, 그중의 한 명이 바로 아이체 칸이었다.

아이체가 새로운 CF를 촬영하고 있던 스튜디오는 다행히 시내에서 그리 멀지 않은 곳에 자리하고 있었다. 이것이 다행인 이유는 사실 처음 그의 스튜디오를 찾아가야 했을 때 나는 매우 막막함을 느꼈기 때문이다.

그도 그럴 것이 우리나라의 촬영 스튜디오들은 대개 서울을 벗어난, 땅값이 저렴한 지방에 자리 잡고 있다.

그래서 한국에서조차 촬영장을 주소만으로 찾아간다는 것은 쉬운 일이 아니었다. 하물며 터키에서 스튜디오가 이스탄불이 아닌 지방 어딘가에 위치하고 있다면, 나는 그곳을 어떻게 찾아가야 할지 걱정하지 않을 수가 없던 것이다.

그런데 터키의 촬영 스튜디오는 이스탄불의 중심가인 레벤트 지역에 위치하고 있었고, 이는 내게 매우 낯설면서도 다행스런 일이었다. 내가 아이체를 만나 처음 건넨 이야기도 스튜디오의 위치에 대한 것이었다.

"이런 곳에 스튜디오가 있을 거라곤 생각 못했어요. 우리나라에선 보통 지방이나 시골에 스튜디오들이 자리 잡고 있거든요."

"아, 그래요? 우리는 이 일대에 많은 스튜디오들이 자리 잡고 있어요. 광고회사들이랑도 가깝고, 포스트 프로덕션들이랑도 가깝기 때문이죠."

"저는 처음에 촬영장으로 오라고 하셨을 때, 지방 로케 촬영일 것이라고 생각했어요. 그래서 만일 이스탄불에서 멀리 떨어진 지방이면 어떻게 찾아가나 고민됐었죠. 아시다시피 터키는 너무나 큰 나라잖아요. 그나마 가까운 명소도 버스로 몇 시간은 가야 하는……."

"하하하, 맞아요. 터키는 정말 큰 나라죠. 그래서 저희는 로케 촬영이 많지 않아요. 대부분 이렇게 스튜디오 촬영을 해요."

"그래요? 의외네요. 저는 터키가 워낙 아름다운 자연을 많이 갖고 있어서, 당연히 야외 로케 촬영이 주를 이룰 거라고 생각했어요.
터키 내에서만도 세계 어디서도 볼 수 없는 멋진 풍경을 배경으로 촬영할 수 있잖아요.
예를 들면 소금 호수 튜즈괼, 신기한 돌들의 세상인 카파도키아, 산토리니보다 더 사랑받는 휴양지 보드룸 등등 말이에요!"

"하하, 터키는 정말 아름다운 나라죠. 하지만, 결국 비용 문제에요. 워낙 나라가 크다 보니 같은 터키 지역이어도 해외 촬영만큼 돈이 들어요.

그래서 대부분의 광고주는 스튜디오 촬영을 선호해요. 멋진 광고보다 비용 대비 효과 좋은 광고, 그것이 광고주가 원하는 목표죠."

그러고 보니, 터키에 와서 TV 광고를 볼 때에 대부분의 CF가 스튜디오 촬영으로 이루어져 있었다는 사실을 다시 떠올릴 수 있었다.

야외를 배경으로 한 광고도 실은 스튜디오에 세트를 만들어 촬영한 것들이 대다수였다.

"대신, 스튜디오 시스템이 잘 되어 있어요.

예를 들면, 자 여기 보세요. 여긴 탁심 광장과 이스티크랄 거리를 그대로 재현해 놓은 곳이에요.

이 공간은 그 자체만으로도 스튜디오를 멋지게 만들지만, 이 곳에서 실제로 이스티크랄 거리를 배경으로 한 광고를 찍기도 하죠!"

이스티크랄 거리는 이스탄불의 젊은이들과 외국 관광객이 가장 많이 찾는 거리 중 하나로, 우리나라의 명동과 같은 곳이었다.

나 역시 그 거리를 지나며 터키식 홍차를 마시거나 서점에 들러 책을 몇 권 산 적이 있었는데, 내가 들렀던 그 가게들까지 그대로 재현해두고 있었다.

그런데 그 가상의 이스티크랄 거리 한 가운데 재미있는 공간이 있었다.

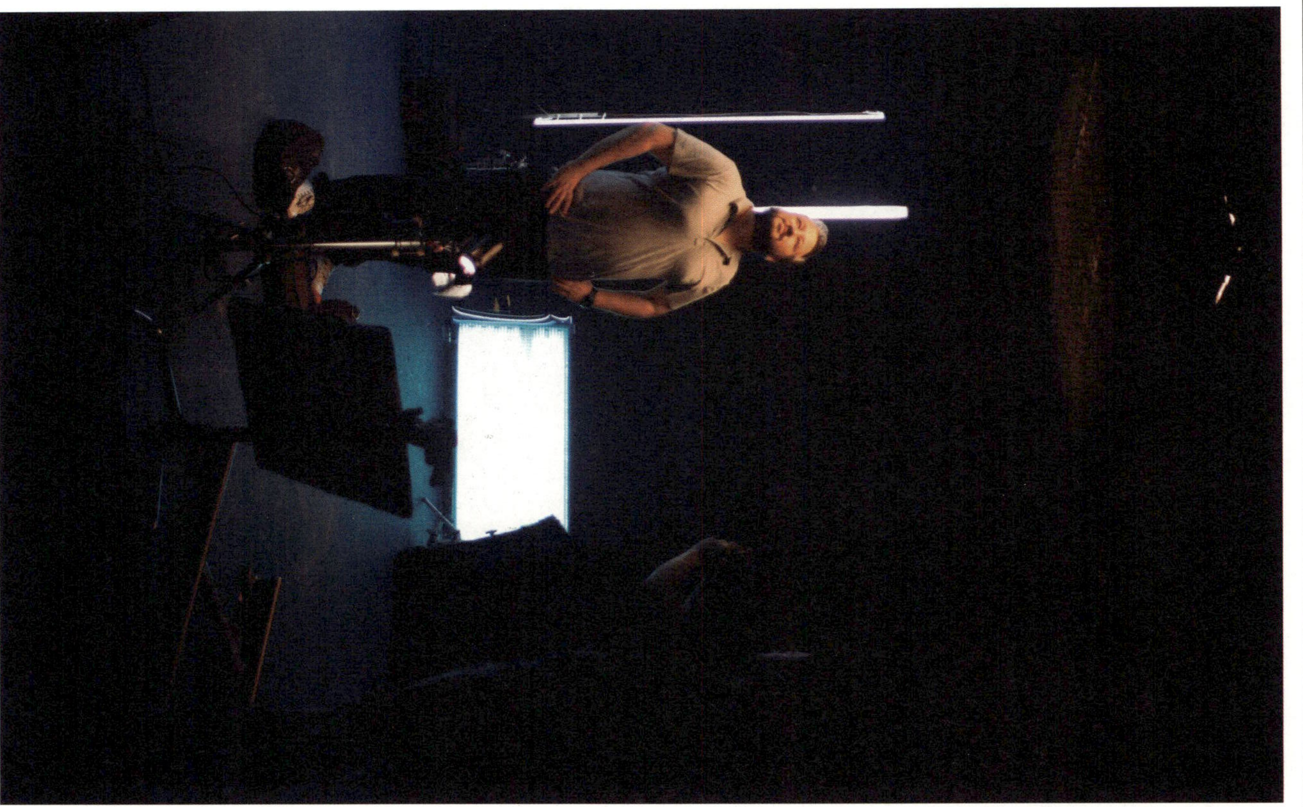

터키의 크리에이티브 디렉터 아이체 칸
그는 특유의 유쾌하고 호탕한 성격으로 바쁜 촬영장에서도 기꺼이 나를 반겨 주었다.

터키의 젊은이들로 가득한 이스티크랄 거리

이스티크랄 거리를 그대로 재현하고 있는 촬영 스튜디오
— 이스티크랄 거리에서 만났던 카페도, 서점도, 식당들도 그대로 재현해두고 있었다.

"잠깐만요. 설마 여기가 구내식당인가요?"

"네, 맞아요!"

촬영장엔 밥차가 오기 마련이다. 대개의 촬영이 밤샘 작업으로 이루어지는데다, 수많은 촬영 스태프들이 한 번에 먹을 수 있는 식당이 근처에 없는 경우가 대부분이므로 촬영장엔 반드시 밥차가 출장을 온다. 밥차에서 나오는 메뉴가 거창할 리가 없다. 게다가, 식판을 들고 촬영장 구석에 앉아서 먹어야 하는 분위기는 결코 입맛을 돋게 하진 않는다. 그래서 스튜디오들 중 일부는 구내식당을 갖추고 있다. 하지만, 오히려 밥차보다 못한 경우가 많다. 그래서, 경력이 좀 쌓인 광고인들은 촬영 스케줄이 잡히면 벌써 주변 맛집부터 검색해둔다. 촬영 현장에서 불편한 식사 때문에 클라이언트의 심기를 건드리고 싶지 않기 때문이다.

　　그런데 재현된 이스티크랄 거리의 한 구석에 마련된 카페– 난 이 역시 재현된 스튜디오 중　일부인 줄 알았다 –에는 고풍스런 호텔 레스토랑만큼이나 멋진 구내식당이 마련되어 있었다. 이곳이 바로 '터키 촬영장의 밥차'인 것이다.

　　"이렇게 멋진 구내식당은 처음 봐요. 한국에선 결코 볼 수 없는 풍경인데요! 구내식당이라기보다는 터키 전통 레스토랑 같아요!"

　　"아, 그래요? 음, 이제 보니 제가 봐도 멋지긴 하네요, 하하하!"

　　터키인들은 자신들이 갖고 있는 클래식하고 전통 있는 문화유산, 그리고 거기서 유래한 미적 감각들에 대해 자부심을 갖고 있었는데, 그 자부심이 심지어 촬영장의 구내식당에도 그대로 배어 있는 것 같았다.

"지금 음악이 나오고 있는 저 곳이 새로 나올 CF 촬영 현장이에요."

아이체가 촬영 중인 CF는 크고 신나는 음악과 함께 진행 중이었다. 어두운 조명 속, 촬영 감독의 신호에 맞춰 잘생긴 남자 배우가 소품인 리모콘을 춤추듯 이리저리 돌리고 있었다.

"무슨 광고예요?"

"새로운 채널 광고에요. '다양한 채널을 한번에 볼 수 있다!' 뭐 그런 내용이죠! 요즘 IP TV가 발달하면서 이런 채널 광고가 많아졌어요."

굳이 스토리보드를 꺼내보지 않아도, 음악과 동작만으로도 어떤 내용의 광고 인지 대략 가늠할 수 있었다.

"터키는 이렇게 음악을 배경으로 한 광고가 많은가 봐요?"

"네, 맞아요. 터키의 많은 광고들이 음악이나 유머를 주요 코드로 사용하고 있어요. 왜 냐하면 터키는 다양한 문화, 다양한 민족이 섞여 있거든요. 유럽과 중동, 아시아, 심지 어 아프리카까지도요. 그래서 그들 중 일부만의 코드를 맞춘다는 것은 매우 위험해 요. 누가 봐도 설득될 수 있는 그런 광고를 만들어야하는 것이 터키 광고인들의 숙명 이죠. 그렇다보니 음악이나 유머 코드를 많이 쓰게 돼요. 음악과 유머는 세계 공통의 언어잖아요."

"저도 터키 광고를 보면서 음악이나 유머가 많이 사용되는구나 생각하긴 했어요. 어 딜 가나 유쾌한 광고들이 나오더군요. 그런데 그게 다 유니버설한 코드를 위해서란 말

터키의 광고 촬영 현장

이군요?"

"네, 맞아요. 예를 들어, 태국 광고는 딱 보면 태국 광고라는 걸 알 수 있어요. 지나치게 과장되거나 하는 그런 톤 말이에요. 영국의 광고도 영국 광고만의 틀이 있어요. 도무지 무슨 말인지 알 수 없는 게 바로 그 틀이죠. 마치 영국식 농담처럼 말이에요, 하하하!"

"하하, 무슨 말인지 알겠네요. 우리나라에서도 가끔 재미없는 농담을 하고선 반응이 없으면 '영국식 농담이야'라고 핑계를 대곤 해요."

"네, 맞아요. 하하하. 하지만, 터키의 광고는 터키만의 특색이 없는 것이 오히려 특징이에요. 언어만 바꾼다면 어느 나라에나 틀 수 있을 정도로 일반적이고 대중적이죠. 실제로 터키의 광고가 유럽이나 아시아로 역수출되는 경우가 많이 있어요. 그만큼 세계 공

통의 코드를 갖고 있는 것이 바로 터키의 광고에요."

"신기하군요. 저는 사실 터키의 광고에는 온통 히잡을 쓴 여인들이 나올 거라고 생각했거든요. 또는 이맘(이슬람 교단의 지도자)과 같은 복장의 남성들이 권위적인 태도로 화면을 가득 채우고 있을 거라고 생각했어요."

"아니요, 결코 그렇지 않아요. 물론 이슬람 전통에 맞춘 광고들도 일부 있긴 하죠. 일부 보수 채널들은 이슬람의 전통적인 심의를 지키려고 하니까요."

"아, 보수적인 채널이 별도로 존재하나 보군요?"

"네, 맞아요. 터키는 정말 큰 나라에요. 그렇다보니 방송사도 채널도 너무너무 많죠. 그

칸이 일하고 있는 M사의 한 샴푸 TV 광고 – 건강하고 아름다운 여성의 매력을 여과 없이 보여주고 있다.

Image Resource : http://www.mccann.com.tr/project/loreal-excellence-intense/

래서 각 채널들은 각자의 심의 규정을 갖고 있어요. 그리고 그 심의 규정은 주요 시청자 층에 따라 달라질 수밖에 없죠."

"시청자에 따라 심의 규정이 다르다구요?"

"네, 예를 들어 지방의 일부 채널들은 보수적인 시청자 층을 대상으로 하고 있어요. 그런 채널들은 이슬람의 보수적인 심의 기준을 따르죠. 만일 어떤 제품이 그런 보수적인 사람들을 타깃으로 하고 있다면, 그에 걸맞는 보수적인 광고를 만들어야 하겠죠. 하지만, 어디까지나 이것은 일부 채널에 대한 이야기에요. 이스탄불에서 볼 수 있는 대부분의 터키 광고는 매우 진보적이에요!"

그의 말은 사실이었다. 그리고 그런 사실이 내겐 낯설게만 느껴졌다. 내 선입견에 따르면 터키의 광고는 소위 '이슬람다워야' 했기 때문이다. TV 광고에 나오는 여성들은 당연히 히잡으로 몸을 가리고 있어야 했고, 남자들은 경건한 차림과 권위 있는 태도로 코란을 읽고 있어야 했다. 그리고 나는 종교의 자유가 보장된 나라에서 온 깨어있는 광고인으로서 그들의 갑갑한 현실에 깨우침을 주는 선구자적인 존재여야만 했다.

하지만 현실에서의 터키 광고는 내 기대와 너무나 달랐다. 여성들은 건강한 매력이 훤히 드러나는 의상과 포즈로 섹시함을 자랑하고 있었고, 남성들은 권위를 내려놓은 우스꽝스런 제스처로 광고의 재미를 높이고 있었다. 그중 어떤 광고들은 한국의 광고들보다 훨씬 자유롭고 과감했으며, 어떤 광고들은 훨씬 유쾌하고 설득력 있었다.

이러한 터키의 진짜 광고 현실 앞에서 내 선입견이 무너졌던 것은 물론이거니와 내 스스로가 너무 작아짐을 느낄 수밖에 없었다.

"그런데 정말 이상해요. 저는 길에서 여전히 히잡을 쓴 무슬림 여성들을 수없이 많이 보았거든요. 블루 모스크 앞 광장에서는 하루 종일 성실하게 지킨 라마단을 기념하며 함께 식사하는 대가족들도 많이 보았구요. 심지어 한번은 뉴스에서 라마단 기간에 술을 파는 가게를 향해 터키 사람들이 단체로 돌을 집어던졌다는 기사를 본 적도 있어요. 그만큼 터키에는 신실한 무슬림이 많다는 이야기 아닌가요? 그런 전통적인 무슬림들이 이런 진보적인 광고를 향해서 어떤 비판의 목소리를 내진 않나요? 방송국이나 광고회사에 전화를 해서 불만을 표시하거나 말이에요. 갈등이 존재할 것 같은데요?"

"네, 맞아요. 갈등이 존재하죠. 그게 바로 터키에요.!"

"네?"

"물론, 미스터 킴이 본 그 기사는 이스탄불에 대한 이야기는 아니에요. 아주 신실한 무슬림들이 살고 있는 지방 소도시에 대한 기사를 본 거겠죠.
하지만 터키가 갈등을 겪고 있다는 것은 사실이에요. 지금 당장 이스탄불의 거리를 나가 보세요. 짙은 화장의 현대적인 여성을 모델로 한 광고판 아래에서 니캅(무슬림 여성이 착용하는 얼굴 베일)을 입은 여인들이 쇼핑을 하고 있는 모습을 볼 수 있을 거예요. 동시에 히잡을 쓴 모델이 등장하는 광고판 앞을 청바지와 탑 차림의 여성들이 자유롭게 활보하고 있을 거예요.
비단 스타일뿐만 아니에요. 미스터 킴이 이야기한 것처럼 터키에서는 라마단 기간이면 저녁마다 전통에 따라 대가족이 함께 나와 기도를 올리고 식사를 하는 모습을 볼 수 있어요. 그들 대부분 술은 입에도 대지 않죠. 특히 라마단 기간이라면 말이에요.
하지만 이곳 레벤트 거리나 이스티크랄 거리에선 현대적인 차림의 터키인들이 점심에도 맥주를 즐기고 있어요. 바로 지금, 라마단 기간에 말이에요. 진보와 보수, 유럽과 중동이 터키라는 한 공간에서 공존하고 있는 거죠."

이스탄불의 거리 풍경
— 자유분방한 이미지의 광고를 아래 히잡을 쓴 여인들이 아무렇지 않은 듯 자유롭게 활보하고 있었다

그가 설명하고 있는 이런 복합적인 터키의 모습은 광고인인 나를 매우 혼란스
럽게 했다. 왜냐하면 광고인은 본능적으로 어떤 사회 현상을 보든 그것을 하나
의 키워드로 압축하려는, 일종의 직업병을 갖고 있기 때문이다. 그런데, 터키는
아무리 이해하고 압축하려고 해도 도무지 한 단어로 요약될 수가 없었던 것이다.

"그러면 그 갈등과 공존 속에서 적절한 수위는 어떻게 지킬 수 있죠? 그러니까, 사회적
문제를 일으키지 않을 만한 광고 수위 말이에요."

"음, 물론 터키에서 오래 광고를 하다 보면 그 적절한 수위를 직감적으로 알 수가 있어
요. 하지만 물론, 그 직감을 의지할 때 항상 문제가 생기지 않는 것은 아니에요. 그래
서 어느 정도 객관적인 기준이 필요한데 그것은 경제적 이슈나 정치적 이슈와 좀 상
관이 있어요."

"경제적 이슈나 정치적 이슈요?"

"네, 맞아요. 한 광고가 터키의 모든 사람을 만족시킬 순 없죠. 그래서 경제적으로나 또 정치적으로 보다 중심적 역할을 하고 있는 다수의 사람들의 성향에 맞추고 있다고 보시면 되요.
왜냐하면 그들이 터키 소비문화의 흐름을 주도하고 있으니까요."

"그렇군요. 그럼 그들은 어떤 사람이죠? 터키 인구 중 과연 몇 프로나 차지하나요?"

"하하하, 이것 참 질문이 점점 더 어려워지는데요? 좋아요. 제가 그 질문에 좀 더 정확한 답을 줄 수 있는 친구를 소개해줄게요. 이 부분에 대해 훨씬 논리적으로 설명해 줄 친구를 알고 있어요!"

아이체는 내게 터키에서 캠페인 기획과 전략을 담당하고 있는 절친한 사이의 캠페인 플래너의 연락처를 알려주었다. 그 사람이라면 동양에서 온 광고인의 눈으로는 도무지 이해하지 못할 터키의 광고 세상에 대해 좀 더 깊이 있는 설명을 해줄 수 있을 거라 덧붙이면서.
나는 수많은 질문으로 그를 방해하는 일을 멈추고, 그가 진행하고 있는 촬영에 다시 집중할 수 있도록 놓아주기로 했다. 하지만 내 머릿속은 알면 알수록 더 궁금증을 자극하는 터키의 광고 세상에 대한 호기심으로 더욱 채워져 가고 있었다.

밥차와 상징

한국 촬영장 밥차의 풍경

최초 밥차의 아이디어는 누가 생각해냈을까……
아쉽게도 그 기원을 찾을 수 있는 자료는 없었다.
하지만, 광고/방송/영화를 불문하고 밤샘 촬영을 해야 하는 각종 콘텐트 분야에
서 밥차는 중요한 역할을 하고 있다.
그리고 특히 광고 촬영 현장에서는 밥차가 의미하는 중요한 상징 몇 가지가 있다.

첫 번째, 촬영장의 위치다.
대개 촬영 현장은 도심과 동떨어진 위치에 있기에
내비게이션을 켜고 사전에 PD가 알려준 장소를 찾아 차를 몰고 찾아간다.
하지만, 막상 현장에 도착하면 그 정확한 위치를 알기 어려운 경우가 대부분이다.
이때 좋은 이정표가 돼 주는 것이 바로 밥차다.
멀리서도 밥차가 정차해 있는 것을 보면
'여기가 촬영 장소구나!' 단번에 알 수 있다.

두 번째는 광고 제작비 규모다.

광고 시안이 결정되면 광고주에게 광고 제작비의 사전 견적을 제시하게 된다.

그런데 이 사전 견적이 그대로 컨펌되는 경우는 거의 드물다.

여러 사정에 따라 네고(Negotiation-합의)하게 되는데

그 네고의 폭이 크면, 가장 먼저 표가 나는 것이 바로 밥차에서 나오는

간식의 수준이다.

평소 촬영장에선 식사 외에도 수시로 간식이 나오는데

그 간식에는 각종 과일과 과자, 음료, 심지어 피자에 초밥까지 나오기도 한다.

그런데 제작비가 줄어들면 당장 이 간식부터 준다.

제작비를 줄였다는 표시가 가장 많이 나는 부분이 바로 촬영장에서의

간식이기 때문이다.

그래서 촬영장에서 간식의 규모를 보면

이번 제작비의 규모를 대략 예측할 수 있다.

그리고 세 번째, 연예인의 성품이다.

촬영장에서 식사와 관련한 셀럽(연예인)의 태도는 크게 세 가지로 나뉜다.

밥차 음식 대신 입맛에 맞는 다른 음식을 시켜달라고 주문하는 셀럽,

매니저나 코디를 시켜서 밥차 음식을 떠오라고 시키는 셀럽,

마지막으로,

직접 식판을 들고 다른 스태프들과 어울려 함께 밥차 음식을 떠먹는 셀럽.

물론 세 번째 경우는 드물다. 하지만 그만큼 예뻐 보이기 마련이다.

그리고 그런 성품을 갖고 있는 셀럽은 주위에 소문을 내서

한 번이라도 더 광고에 출연시켜주고 싶은 마음이 생긴다.

촬영장에서의 밥차.

단순히 추운 촬영장에서 따뜻한 식사를 제공한다는 의미 외에도

눈여겨보면 더 많은 상징과 이야기를 갖고 있다.

히잡과 립스틱

캠페인의 전략을 담당하고 있는 파미르 군두즈가 일하고 있는 광고회사 C 사는 오스만 베이 지역에 위치하고 있었다. 이 지역은 과거의 터키를 연상시키는 구시가지는 물론이거니와 심지어 도회지 분위기 일색이었던 레벤트 지역과도 사뭇 다른 느낌이었다. 굳이 비유하자면 뉴욕의 고풍스런 분위기의 그리니치 빌리지나 뉴욕의 편집숍들이 모여 있는 소호 거리 같은 분위기였다고나 할까.

거리를 차지하고 있는 브랜드들도 별도의 건물이 아닌 기존의 오래된 아파트형 건물 안에 리모델링을 거쳐 입점하고 있는 모습이라, 더더욱 거리 전체가 앤틱하고 고급스런 부티크 같은 분위기를 자아내고 있었다.

"그냥 주소만으로는 찾아오기 힘들 거예요. 제가 사진을 하나 보내드릴게요. 보내드린 주소로 찾아오셔서 사진에 해당하는 건물로 들어오세요. 그럼 경비실에서 안내해 줄 거예요."

이런 멋진 거리의 단점이 있다면, 그냥 주소나 간판만 뒤져서는 도저히 그

오스만 베이의 한 서점 – 화려한 잡지 속에서 히잡을 쓴 여인이 책을 고르고 있다.

정확한 위치를 찾아낼 수가 없다는 것이다. 게다가 이날은 약간의 비까지 내려 한 손엔 우산을, 한 손엔 핸드폰을 들고 이리저리 내가 서 있는 위치와 건물들의 주소를 맞춰 보며 헤매야 했다. 다행히 친절한 성격의 파미르가 보내준 건물 사진이 있어 목적지 근처를 두 번만 왔다 갔다를 하고 정확한 위치를 찾아낼 수 있었다.

"죄송합니다만, 이 엘리베이터는 어떻게 여는 건가요?"

엔틱하고 유서 깊은 공간으로 들어가는 대가는 어렵게 정확한 주소를 찾아낸 것에서 끝나지 않았다. 이 오래된 터키식 아파트에는 철제로 된 매우 클래식한 엘리베이터가 있었는데, 나는 그 문을 어떻게 열어야 할지, 버튼은 어디에 있는지 알 수가 없었다. 다행히 친절한 아파트 경비가 먼저 달려와 문을 열어주어 마

C사가 위치한 오래된 오래된 터키식 아파트의 헬리베이터

지막 관문도 통과할 수 있었다.

그렇게 어려운 관문들을 통과하고 드디어 도착한 파미르의 사무실! 그곳은 기꺼이 그 까다로운 대가들을 치르고서라도 꼭 한 번 와봐야 할 만한 모습이었다.

C사는 도무지 광고회사라고는 믿을 수 없을 만큼 클래식하고 고급스러웠는데, 특히 처음 안내받아 앉은 회의실과 응접실이 아주 멋드러졌다. 유서 깊은 와인 창고 같은 느낌을 연출하는 이 공간은 바닥과 벽, 의자와 책상 등이 모두 원목으로 되어 있어서 그 자체로 마치 고증된 예술품 같았다. 온 벽에 그득히 놓여 처음엔 와인 잔처럼 보였던 유리 아이템들은 가까이서 보니 와인이 아니라, 회사가 수상한 수많은 상패들이었다.

하지만 그 자리에 오래된 포도주가 진열되어 있어도 전혀 어색하지 않을 것만 같았다. 건물의 원래 디자인을 그대로 유지하고 있는 것 같은 회의실 사이의 입구들도 아름다운 아치를 그리며 중세 역사 속으로 안내하는 듯한 착각을

불러일으켰다.

이렇듯, 최고급 호텔의 VIP룸보다도 더 안락하고도 세련된 분위기의 감각으로 채워진 이곳이 바로 파미르가 일하고 있는 터키의 광고회사 C사의 내부였다.

'여기에 취직하고 싶어요…….'

파미르를 만나면 어떤 말로 서두를 꺼내야 할까 고민하고 있었는데, 다른 생각은 다 달아나고 그저 이곳에서 함께 일하게 해달라고 조르고 싶은 마음이 불쑥 솟아올랐다. 그만큼 이곳은 내 마음속 로망을 그대로 반영하고 있었다. 다행히 이성의 끈을 부여잡은 끝에 그런 창피한 실수는 하지 않을 수 있었다.

"반갑습니다. 한국에서 온 킴입니다."

"네, 말씀 전해 들었습니다. 제가 파미르 군두즈입니다"

13년차 플래너인 파미르는 185cm 정도의 큰 키에 약 100kg은 나갈 것 같은 거구였다. 그런데 지금의 몸도 약 20kg을 감량한 것이라고 하니, 그 전엔 얼마나 거구였을는지 상상조차 되지 않았다. 하지만 그 덩치에 비해 매우 수줍은 얼굴을 하고 있는 친구였다.

"마실 것 좀 드릴까요? 뭘로 하시겠어요? 챠이? 터키식 커피?"

챠이는 터키식 홍차로 터키 사람들이 즐겨 마시는 차다. 챠이는 터키에 도착한 이후 이미 충분히 마신 터라 이번엔 터키식 커피를 마셔보고 싶었다. 터키식 커피는 터키에서가 아니라면 맛볼 기회가 없는 매우 특별한 커피이기 때문이다.

터키식 커피는 그 끓이는 방법이 매우 특이하다. 고운 커피 가루를 포트에 함께 넣고 끓이기 때문에 잔에 커피 가루가 함께 남게 된다. 그래서 그냥 보통의 커피처럼 주욱 들이켰다가는 모래를 한 움큼 마신 것 같은 불편한 경험을 하고 만다. 그럼에도 이런 전통의 방식을 고수하는 것은 이래야만 질 좋은 커피의 향이 그대로 담기기 때문이라고 한다. 이 방식은 커피를 만드는 동안 몇 차례나 커피가 끓어 넘치기 때문에 솜씨가 좋아야 함은 물론 정성도 많이 들어간다. 그래서 전통적인 터키의 가정에선 터키식 커피 끓이는 실력을 보고 훌륭한 며느릿감인지 아닌지를 가늠해 본다고 했다.

"터키식 커피가 좋을 것 같은데요?"

"그래요? 오, 터키를 제대로 즐길 줄 아시네요, 하하!"

커피가 준비되는 동안 우리는 대화를 이어나갔다.

"너무 웃지 마세요. 사실, 이곳의 여직원들이 히잡을 쓰지 않아서 놀랐어요. 저는 이슬람의 광고인들이 무슬림 전통에 맞는 복장을 갖추고 출근하는 모습을 상상했었거든요."

그랬다. 나는 광고회사와 무슬림이 어떤 모습으로 공존하고 있을지 궁금한 차원을 넘어 약간 두렵기까지 했었다.

'과연 무슬림 여성들은 어떤 모습으로 출근할까?
그들도 하루에 다섯 번씩 기도를 올릴까? 만일, 그렇다면, 그런 종교적 삶과 눈코 뜰 새 없이 바쁜 광고대행사 직원으로서의 삶이 어떻게 병행될 수 있을까?

라마단 기간에 금식은 할까? 그렇다면 이 많은 업무를 먹지 않고 어떻게 감당해낼 수 있을까?

술은 마실까? 만일 엄격한 이슬람 율법에 따라 술을 마시지 않는다면 회식은 어떻게 하며, 어떻게 스트레스를 해소하고 있을까?'

이런 수많은 질문들이 내 안에 가득 담겨 있었던 것이다. 그런데 파미르의 회사에서 만난 터키의 광고인들은 히잡 대신 선글라스를 쓰고 있었고, 손에는 코란 대신 스타벅스 아이스커피와 아침식사 대용 먹을거리를 들고 있었다. 이러한 모습이 내겐 익숙하면서도 낯설었다.

"하하하, 히잡을 쓴 광고인이요? 네, 충분히 그런 상상을 할 순 있겠네요. 하지만 아쉽게도 이곳 광고회사에서 히잡을 쓴 사람은 없어요.

한 직원이 열어서 보여준 서랍에는 화장 대신 많은 매니큐어와 립스틱 같은 화장품들이 빼곡히 들어있었다.

재미있는 아이템들을 책상에 올려둔 모습은 우리나라 광고회사와 다르지 않았다.

다른 점이 있다면,
터키 광고인들의 사무실에는 고양이 한 마리도 함께 살고 있었다는 점 정도……

아! 몇몇 직원들은 서랍에 히잡을 보관하고 있긴 해요. 왜냐하면 가끔 명절에 고향 집에 내려갈 때면 쓰고 가야 하거든요. 전통에 따라서 말이에요. 하하하! 하지만 대부분은 그렇지 않아요."

실제로 한 직원이 열어서 보여준 서랍에는 히잡 대신 많은 매니큐어와 립스틱 같은 화장품들이 들어있었다. 야근을 많이 해야 하는 업무 특성상 이렇게 서랍에 각자의 화장품을 모아두고, 늦게 출근하는 날이면 회사에 나와서 화장을 하거나, 밤샘 후 화장을 고치곤 한다고 했다.

"이곳 터키에도 소위 '대행사 생활'이라는 게 있어요. 야근도 많고, 스트레스가 많은 삶이죠. 그래서 보수적인 무슬림처럼 살 수는 없어요. 다들 술도 많이 마시고, 금식 기간에도 식사를 해요. 그렇지 않으면 광고인으로 살 수가 없으니까요!"

"아, 술을 마시는 군요. 하하하! 저는 사실 되게 궁금했거든요. 터키의 광고인들도 술을 마시는지, 경쟁 PT가 끝나면 회식은 하는지 말이에요!"

"네! 다들 엄청난 술고래들이에요! 좀 아까 카페테리아 보셨죠? 보통은 차를 마시거나 간단한 식사를 하는 공간인데, 사실 저희는 그곳에서 맥주를 마셔요. 맥주 한잔씩 하며 회의를 하기엔 그만한 공간이 없거든요. 하하하. 그리고 경쟁 PT가 끝나면 그땐 정말 진탕 마시죠. 이 근방의 술집들 사이에선 우리 회사 사람들이 유명해요. 밤새 술을 마시는 걸로 말이에요. 하하하!"

터키 광고인들도 우리나라 광고인들처럼 술고래들이라는 사실에 묘한 동질감과 안도감 같은 것이 느껴졌다. 광고회사를 다니는 사람들이 술을 많이 마신다는 사실은 어쩌면 세계 공통인 것 같았다.

"그렇군요. 역시, 광고인들은 다 똑같은가 보군요. 하하!

그런데 한 가지 궁금한 점이 있어요. 광고인들은 그렇다 치더라도 다른 사람들 말예요. 저는 여기까지 오면서 너무나 자유분방한 터키 사람들을 많이 보았거든요. 라마단이 무엇인지 모른다는 듯 해가 떠 있는 시간에도 거리에서 식사를 하는 사람들, 저녁엔 바에 앉아 술을 마시는 사람들, 민소매 옷을 입고 거리를 활보하는 여인들, 그런 자유분방한 터키인들이 보수적인 무슬림들과 같은 공간에서 공존하고 있었어요. 이런 현상을 저는 어떻게 이해해야 하죠?"

"아하, 그렇죠. 혼란스러울 수 있었겠네요. 음……, 제가 재미있는 지도를 하나 보여드릴게요."

파미르는 컴퓨터를 켜고 독특한 색깔 조합의 지도를 하나 보여주었다.

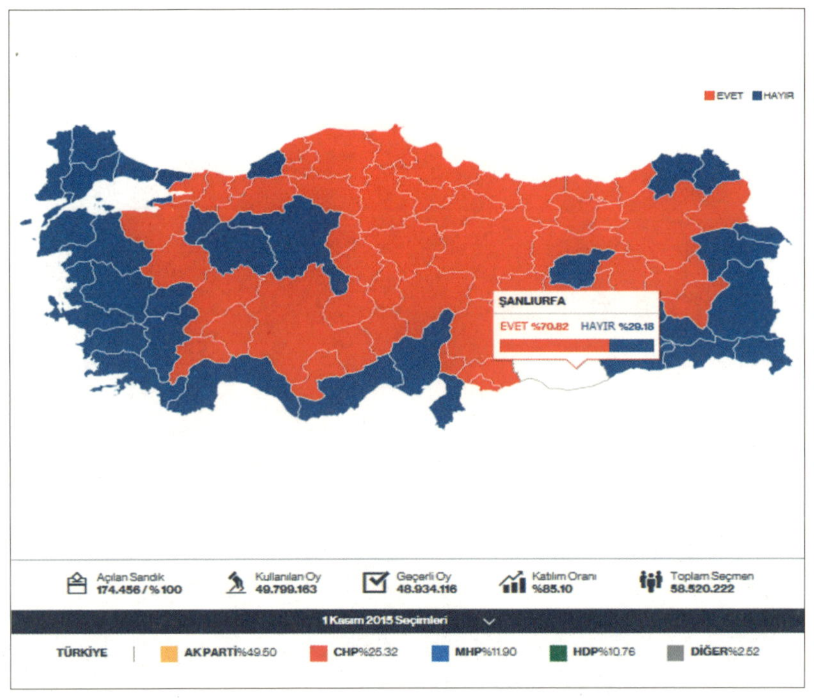

"자, 여기 보이는 지도에서 붉은색으로 표시된 부분은 정치적으로 보수적인 입장을 보이는 지역이에요.

반면 파란색 부분은 진보적인 입장인 지역이죠. 그리고 이렇게 해당 지역을 클릭해 보면 보다 구체적인 보수와 진보의 비율을 알 수 있어요."

"종교적 종파가 아닌 정치적 입장을 보여준다는 거죠?"

"네, 맞아요. 사실 이슬람의 전통을 얼마나 고수하느냐는 그들의 정치적 태도와 매우 밀접하게 연결되어 있어요. 신앙의 문제가 아니라는 거예요!"

　이슬람의 전통을 얼마나 고수하느냐 아니냐가 신앙의 문제가 아니라 정치적 입장의 문제라니……. 처음 접하는 매우 새로운 정보였다.

AD

물이나 얼음을 타면 하얗게 변하는 게 특징인 터키의 전통 술 Yeni Raki의 광고 – 터키의 아름다운 휴양지들을 그 배경으로 하고 있는데, 대부분 바다에 접하고 있는 지역들이란 점이 재미있다.

Image Resource : https://www.youtube.com/watch?v=12Q2TL3IZLo

"자세히 보시면, 여기 푸른색 부분들은 대체로 해안과 접해 있는 지역들이라는 것을 알 수 있어요. 이스탄불도 여기에 포함되구요. 이런 지역들은 외국과 교류가 빈번하다보니 진보적인 성향을 보이게 되요. 이들은 술도 자유롭게 마시고 복장도 매우 자유로워요.

하지만 이들이 무슬림이란 사실에는 변함이 없어요. 반면, 내륙 지역들은 주로 보수적인 입장들이에요. 외부 문화와 고립된 이 지역들은 아무래도 이슬람 전통을 엄격하게 고수하려 하고 라마단도 엄격하게 지키죠. 만일 이런 지역에서 라마단 동안 함부로 술을 마셨다간 정말 큰일 날 거에요!"

"아, 그래서 그랬군요."

이스탄불을 오기 위해 터키의 다른 지역들을 여행하던 중 아브라함의 고향인 산우르파를 들렀을 때 맥주 때문에 고생한 적이 있었다. 산우르파는 파미르가 보여준 지도의 붉은색 부분 중에서도 강한 보수적 입장을 보이는 지역 중 하나였다.

그곳에서 난 저녁에 너무 목이 말랐던 터라 호텔에서 맥주 한 캔을 마시고 싶었을 뿐인데, 호텔 측에서는 무척이나 난처해했었다. 이윽고 호텔 사장이 직접 나와서 내 '딱한' 사정을 듣고는, 맥주를 불투명한 컵에 따르고 그 컵을 다시 종이로 싸서 마시는 방법을 제안해 주었다.

주위의 식사하고 있는 가족들에게 안 좋은 모습으로 비칠 수 있다는 것이 이유였다. 맥주 한 캔 마시는 일이 무슨 중범죄라도 되는 것 같은 기분을 느껴야 했던 그 사건은, 시간이 지나도 두고두고 강한 기억으로 남을 수밖에 없었다.

"그런데 이상하네요. 사람마다 정치적 입장이 다르다고 모든 사람에게 다른 광고를 틀 수는 없잖아요. 그 중 가장 대중화된 일반을 기준으로 삼을 필요가 있을 것 같은데요?"

AD

C사에서 제작한 한 다이어트 관련 광고 – 이스탄불을 배경으로 매우 자유분방한 분위기의 광고가 인상적이다.

Image Resource : http://concept.com.tr/works

"네, 맞아요! 그래서 우리는 2:8 법칙을 따르죠. 미스터 킴도 캠페인 플래닝을 한다고 했으니, 2:8 법칙이 무슨 의미인지 알 거에요."

마케팅에서 2:8 법칙이란, 소득 상위 20%의 소비자가 매출의 80%를 차지한다는 이론으로 소비자 타깃팅을 할 때 중요하게 고려하는 원리다. 즉 한정된 예산으로 마케팅을 할 때, 다수인 80%보다 소수인 상위 20%를 대상으로 타깃팅하는 것이 보다 효율적인 결과를 얻을 수 있다는 일반적 이론이다.

"현재 터키에선 소득 상위 27%가 전체 GDP의 80%를 차지하고 있어요. 그리고 그들이 대부분의 소비를 이루죠. 인구수에 있어 상대적 소수가 부(富)의 대부분을 차지하고 있는 거예요.
그리고 그 상위 27%는 대체로 진보적인 입장의 사람들이죠. 따라서 광고도 그 상위 27%의 사람들의 입장에 따라 진보적인 입장을 취할 수밖에 없어요."

파미르의 설명을 듣고서야, 비로소 왜 절대 다수의 보수적인 무슬림이 존재하는 상황에서 자유분방한 광고가 온에어될 수 있는지 조금은 이해할 수 있었다.

"하지만 갈등은 존재할 것 같은데요? 진보적인 소수와 보수적인 다수 사이에 말이에요……"

"네, 맞아요. 어마어마한 갈등이 존재하죠. 하지만 갈등 그 자체가 터키의 정체성이에요. 터키는 정말, 정말 큰 나라죠.
민족도 다양해요. 게다가 지정학적으로 유럽과 아시아, 아프리카를 잇는 교차로에 위치하고 있어서 세계 모든 문화가 섞여 있어요. 역사적으로 항상 갈등을 피할 수 없었고, 그것이 바로 터키에요!"

갈등. 파미르 역시 터키를 설명하는 핵심 말로 갈등이라는 단어를 이용하고 있었다.

"하지만 저는 결코 갈등이 나쁘다고만 생각하지는 않아요. 갈등은 좋은 점과 나쁜 점을 모두 갖고 있어요. 갈등이 있기 때문에 사람들은 현재를 비판하고 더 나은 상황을 꿈꾸고, 그래서 투쟁하고 변화해요. 그리고 늘 새로움을 향해 성장하죠. 터키도 지금의 모습을 갖추기까지 수없는 갈등을 겪어 왔어요. 하지만 바로 그 갈등 때문에 지금과 같은 터키의 독특한 문화도 가능했다고 저는 생각해요."

갈등이 더 나은 세상을 만든다? 지금까지 한번도 생각해보지 않은 부분이었다. 매우 생소했지만, 동시에 매우 멋진 아이디어란 생각이 들었다. 불만을 가지라고 강조했던 베스의 강연이 떠올랐다.

현대적 패션 브랜드 광고가 래핑된 전철을 타고 시내 구경을 나온 니캅 복장의 터기 소녀들

"그러면, 그 갈등 속에서 광고의 역할은 무엇일까요?

수동적으로 갈등을 따라가는 것? 그냥 사회적 갈등을 반영하는 것? 아니면, 갈등을 해결하기 위한 솔루션을 제시하는 것? 광고가 사회적 갈등 속에서 능동적인 기능을 할 수 있을까요?"

"음, 저는 광고가 이러한 사회 갈등 속에서 능동적으로 역할 하는 바가 있다고 생각해요.

자, 여기 우리가 진행한 캠페인을 하나 보여 드릴게요!"

파미르는 다시 컴퓨터를 열어 동영상 폴더를 하나 열었다. 거기엔 유럽의 대표적인 이동통신사인 보다폰(Vodafone)의 한 캠페인 영상이 들어 있었다. 보다폰은 터키에서 가장 많은 광고를 집행하는 대표 브랜드 중 하나였다.

칸느 광고제에서 큰 상을 수상한 터키 [보다폰]의 캠페인 영상

Image Resource : https://www.adsoftheworld.com/media/digital/vodafone_red_light

"미스터 킴도 잘 알다시피, 기본적으로 이슬람 국가인 터키는 매우 보수적인 사회 정서를 갖고 있어요.
그래서 가족을 최우선으로 생각하고 전통을 중시하죠. 그런데 아이러니하게도 이런 보수적인 사회 분위기는 수많은 가정 폭력을 낳았어요. 그리고 그 대상은 주로 여성이었어요."

왜 보수적인 사회, 가족 중심적인 사회는 항상 가정 폭력의 문제와 여성 폭력의 문제의 가능성을 내포하고 있는 것일까. 내 안에 있던 또 하나의 숙제가 떠올랐다.

"터키의 한 설문 조사에 따르면, 터키 여성 중 1/3이 물리적으로 또는 성적으로 폭력에 노출된 적이 있다고 답했다고 해요. 그런데 그런 피해를 입은 여성들이 가족을 최우선으로 여기는 보수적인 사회 분위기 속에서 가족을 떠나 외부에 도움을 구하기는 쉽지 않아요."

파미르가 지금 내게 이야기해주고 있는 이슈는 외국인에게 한없이 친절하고 따뜻했던 터키의 또 다른 이면이었다.

"자, 이 캠페인은 이런 터키 내의 가정 폭력의 문제를 다루고 있어요.
이 캠페인에서 볼 수 있는 이 앱은 좀 특별한데, 겉보기엔 플래쉬처럼 보이지만, 이 앱을 깔고 위험한 상황에 흔들기만 하면 해당 여성이 신뢰할 수 있는 가까운 친구 3명에게 도움 요청의 메시지와 함께 정확한 위치까지 발송이 돼요.
그런데 더 재미있는 것은 우리가 이 앱에 대한 광고를 남자들이 잘 볼 수 없는 공간에만 노출시켰다는 사실이에요. 예를 들면, 여성들만 주로 보는 인터넷 메이크업 동영상이나 여성들의 속옷 탭, 왁싱 스트립 등에 은밀하게 말이에요!"

"광고를 은밀하게 했다구요? 남자들은 모르게? 정말 독특한 발상이네요!"

"네, 맞아요. 남자들은 볼 수 없는 광고를 만든 셈이죠! 그런데 이 캠페인의 결과는 놀라워서 터키 여성의 24%가 이 앱을 다운받았고, 3만 5천 명 이상이 실제 도움을 구해왔어요. 칸 국제 광고제에서 큰 상도 받았죠.

하지만 정말 중요한 사실은 이 캠페인을 통해 터키 사람들의 인식이 조금씩 변화하고 있다는 사실이에요. 그 전엔 사적인 영역의 문제로 치부되던 일들이 이제 공공연한 사회 문제로 거론되고 있거든요. 말하자면, 사회에 긍정적인 갈등이 생겨난 거예요. 그리고 여기에서 광고는 사회적 갈등을 음지에서 양지로 끌어올리는 능동적인 역할을 하고 있는 거구요. 지금 우리는 이 다음 캠페인을 준비 중이에요. 아예 터키 사람들의 인식이 바뀔 때까지 계속할 계획이에요. 그래서 결국 터키에서 가정 폭력이 완전히 사라지게 하는 것이 이 캠페인의 최종 목표에요!"

그가 보여준 광고 사례는 매우 흥미로웠다. 왜냐하면 그때까지 내가 알던 광고란 그저 제품을 팔기 위한 상업적 기술을 예술로 포장한 것에 불과했기 때문이다. 가끔 인간미 넘치는 따뜻한 광고를 만난다 하더라도 그것은 기업의 이미지를 선전하기 위한 그럴싸한 포장지에 불과했다. 그런데 파미르는 사회에 긍정적 갈등을 유발하는, 그래서 사회의 근본적 갈등을 해소하는 파격적인 광고의 사례를 내게 보여준 것이다. 그리고 이것이 보수적인 사회라고 생각했던 이슬람 세계에서 집행되고 있는 캠페인이라는 사실에 나는 더욱 놀랄 수밖에 없었다.

"파미르, 사실 말이에요……."

파미르가 보여준 광고에서 내가 꿈꾸던 광고의 가능성을 발견한 나는 그에게 내가 왜 이 긴 여행을 결심하게 되었는지 이야기를 해주었다. 한국에서 경험했던 광고의 현실과 미국에서 경험한 광고에 대한 꿈, 그리고 여행을 계획하게 된 결심에 대해서도 고백하듯 그에게 털어놓았다. 그런데 놀랍게도 그는 나의 이런 이야기에 깊이 공감해주었다.

"재미있네요. 저도 몇 년 전 비슷한 고민을 했었거든요. 저 역시 광고가 무언가 사회에서 거창한 역할을 할 수 있을 거라는 기대를 안고 이 일을 시작했어요. 그런데 10년 정도 일하다 보니 불현듯 깊은 회의가 몰려왔어요. 매일 더 많은 제품을 팔기 위한 고민만 하고 있었고, 매일 기업의 이미지를 포장하는 일만 하고 있었죠. 광고주가 주는 과제에서 독립되어 사회를 바꾸는 좋은 캠페인을 만들 기회는 없었어요. 그게 광고업의 한계라는 것을 느끼게 됐죠. 그러다보니 내가 하고 있는 일에 무슨 의미와 비전이 있는가라는 의문이 든 거예요."

이 먼 나라에, 그것도 나와는 상관없을거라 생각했던 무슬림의 나라에 나와 비슷한 고민을 안고 있는 비슷한 또래의 광고인이 있다는 사실에 깊은 유대 의식과 공감이 형성되었다.

"그런데 몇 년 간의 고민 끝에 내린 저의 결론은, 물론 항상 그런 건 아니지만, 광고가 더 나은 세상을 만드는 능동적인 기능을 한다는 거예요."

"그래요?"

"네. 왜냐하면 광고는 기본적으로 사람에서 출발하니까요. 광고는 항상 사람을 생각하고, 사람을 연구하죠. 이 과정 속에서 광고는 상업적 기능을 넘어 사회적 기능을 하게 되요."

"지금 보여준 보다폰의 캠페인 사례처럼 말이군요?"

"네, 맞아요. 물론 항상 그런 건 아니에요. 여전히 대부분의 광고는 매우 상업적이고 물건을 파는 목적에만 집중되어 있어요. 하지만 아주 가끔은 사람들의 생각과 행동을 변화시키는 긍정적인 사회적 기능을 하는 광고를 만날 수 있어요. 그리고 아주 운이 좋다면 내가 그런 광고를 만들 기회를 얻기도 하구요. 그럴 때에 광고가 갖는 파급력과 영향은 사회의 다른 영역들이 따라올 수 없을 정도로 강력해요. 이런 점에서 저는 아직 광고에서 의미와 비전을 발견할 수 있다고 생각해요."

파미르와의 만남은 기대 이상이었다. 터키를 비롯한 이슬람 국가는 폐쇄적이고 고립된 모습일 것이라는 것이 내 안에 있던 선입견이었다. 그런데 터키의 광고 세계와 터키의 광고인들은 내가 상상한 이상으로 진보적인 모습이었고, 심지어 내가 추구하고자 하는 더 나은 세상을 위한 광고의 가능성을 보여주고 있었다.

"음, 이러한 이야기는 이런 딱딱한 사무실에서 할 이야기는 아닌 것 같아요. 마침 벌써 점심시간이 다 되가니, 자 같이 나가요. 제가 이 근처 동료들과 자주 가는 맥줏집으로 안내할게요. 거기서 한잔 나누며 이야기를 더 하죠. 저도 오랜만에 광고에 대한 이런 고민을 함께 나눌 광고인을 만났다는 사실이 너무 흥미로운데요."

파미르는 나와 좀 더 깊이 있는 이야기를 나누기 위해 겉옷을 챙겼다. 그와 더 허심탄회한 이야기를 나누고 싶었던 나는 기꺼이 그를 따라나섰다.

터키는 상상 이상의 따뜻한 인간성과 세계 어디서도 볼 수 없는 문화적 유산으로 이미 세계인을 놀라게 하고 있다. 그런데 지금은 예상하지 못했던 광고에 대한 새로운 시각으로 한국에서 온 광고인을 다시 한 번 놀라게 하고 있었다. 반신반의하며 광고의 의미와 꿈을 찾아 떠난 첫 여정은 그 속에 얼마나 큰 가치를 감추고 있었는지 이렇게 조금씩 내게 드러내 보여주고 있었다.

아, 경쟁 PT

경쟁 PT란, 경쟁 프레젠테이션을 줄여서 부르는 말로
다른 광고회사와의 경쟁을 통해 신규 광고주를 영입하는 과정을 지칭한다.
경쟁 PT에서 제안하는 내용에는
캠페인에 대한 기획안과 광고 시안, 그리고 미디어 플래닝 등이 포함된다.

C사의 '킬블랙' 광고는 내가 AE에서 AP로 보직을 전향하고
첫 번째로 맡게 된 경쟁 PT였다.
당시, 내가 제시한 아이디어는
'색깔에 이름을 지어주자'는 것이었다.
색깔에 이름을 지어줌으로써 당시에는 후발 주자였던 제품에
매력과 개성 있는 브랜딩을 부여할 수 있을 것 같았다.
그런 생각에서 꺼낸 첫 번째 네이밍은
'스키니 블랙'이었다.

제작팀은 색깔에 이름을 붙여주자는 아이디어에 동의했다.
하지만 내가 꺼낸 네이밍에 대해서는 반대했다.
대신, "킬 블랙"을 네이밍으로 제시하였는데,
그 단어를 듣는 순간
이번 경쟁 PT는 이겼다는 확신이 들었다.

경쟁 PT에서 항상 이기는 전략이란 없다.
기획과 제작이 자신의 의견을 적극적으로 주장하되
동시에 서로의 의견에 귀를 열어둘 때
비로소 경쟁 PT는 달콤한 성공을 가져다준다.

만일 그래도 좋은 아이디어가 나오지 않는다면,
새로운 이름을 부여하는 방법을 생각해보자.
대상이 무형의 서비스일수록 이름을 붙여주고 성격을 부여한다는 것은
경쟁 PT에서 승률을 높일 수 있는 매우 좋은 팁이 될 것이다.

"킬블랙"의 콘셉트에서 탄생시킨 C사 TV 광고

괴물과 크리에이티브

어느 평범한 날 아침, 무하렘 씨와 그의 누이는 평소처럼 아침 식사 재료를 사러 함께 길을 나선다. 무하렘 씨는 귀가 들리지 않는 청각장애인으로 누이의 도움이 없으면 혼자서 장을 볼 수가 없다. 그렇게 평소처럼 누이를 의지해 거리에 나선 날, 한 노인이 다가와 먼저 반갑게 수화로 인사를 한다.

"좋은 아침입니다."

평소 이 동네에서 같은 청각장애인을 볼 수 없었던 무하렘 씨는 이런 평범한 아침 인사조차 낯설기만 하다. 의아한 마음을 안고 들른 빵집에선 가게 주인이 친절하게 수화로 말을 건넨다.

"따뜻한 베이글이 있습니다."

도대체 무슨 일이 벌어지고 있는 것일까?

길 건너편 과일 가게에선 과일을 주문하던 청년이 오렌지를 떨어뜨리고, 과일을 주워 준 무하렘 씨에게 청년은 수화로 감사의 표현을 한다.

"사과를 좀 드릴게요."

길을 가다 부딪친 여성도 '죄송하다'며 수화로 말을 건네고, 잡아 탄 택시 기사도 '목적지가 어디에요?'라며 수화로 질문한다. 평소 수많은 벽으로 가득했던 세상과는 너무 달라진 오늘 아침의 모습 앞에서 무하렘 씨는 어리둥절하기만 하다. 그때, 누이는 무하렘 씨의 손을 이끌고 약속된 장소로 다가가고, 거기에서 비로소 이 아침에 일어난 모든 비밀의 베일이 벗겨진다.

사실 이 모든 상황은 청각장애인으로서 세상과 소통하는 데에 어려움이 많았던 무하렘 씨에게 '장벽이 없는 하루를 만들어 주자.'는 취지에서 만들어진 "Hearing Hands" 캠페인이다.

그리고 이날 아침 무하렘 씨가 만난 사람들은 한 달 전부터 이 특별한 하루를 위해 수화를 배우고 준비한 마을 주민들과 연기자들이었다.

무하렘 씨는 자기에게 이 특별한 아침을 만들어준 마을 주민들과 연기자들 앞에서 결국 눈물을 보이고 말았고, 이 감동적인 영상은 삽시간에 각종 뉴스와 소셜미디어를 통해 사람들 사이로 퍼져나갔다.

이 캠페인은 공중파 미디어를 전혀 사용하지 않았음에도 300만 불 이상의 광고 효과를 거두었다. 그리고 터키 의회는 이 캠페인을 계기로 대국민 영상에 수화 서비스를 함께 제공하기로 했다. 저예산으로 제작하고 집행한 한 캠페인이 어마어마한 광고 효과를 거두었을 뿐만 아니라 터키의 사회적 인식과 시스템을 바꿔놓은 것이다.

그리고 나는 오늘 이 캠페인을 기획하고 제작한 캠페인 디렉터, 옥타르 아킨을 만나기로 하였다.

AD

옥타르가 제작한 「Hearing Hands」 캠페인 영상

Image Resource : https://www.adsoftheworld.com/media/ambient/samsung_hearing_hands

이스탄불을 상징하는 갈라타 타워도 쉬셰리 거리에 위치하고 있었다.

그가 일하고 있는 L사는 갈라타교에서 튀넬- 튀넬은 갈라타와 카라쾨이 사이를 이어주는 오래된 열차로 그 역사가 1871년까지 거슬러 올라간다. 운행 구간이 한 정거장밖에 되지 않는 튀넬은 타보기 전엔 굳이 이 오래된 열차가 왜 필요할까 의구심을 들게 하지만, 한 번 이용해보면 그 고풍스러운 편안함과 가파른 비탈길을 힘차게 올라주는 편리함에 중독돼버리고 만다 -을 타고 한 정거장 거리에 있는 쉬샤네 지역에 자리 잡고 있었다.

들어서는 순간 시간을 훌쩍 넘어 마치 고대 터키의 한 골목 속으로 들어온 것 같은 기분이 들게 해주는 쉬샤네 거리는 터키인들 사이에서도 아름다운 거리 중 하나로 손꼽혀서, 이곳 골목들을 배경으로 패션 광고나 화보 촬영도 많이 이루어지고 있었다.

옥타르를 비롯한 터키 광고인들의 창의적인 아이디어가 이런 아름답고 고풍스런 공간이 주는 영감과 결코 무관하지 않을 것 같았다.

"그래, 터키를 돌아 본 소감은 어땠어요?"

자리에 앉자마자 먼저 질문을 꺼낸 건 옥타르였다. 다른 터키인들과 마찬가지로 옥타르 역시 큰 덩치와 그에 어울리는 친절하고도 호탕한 태도를 지니고 있었다. 그의 사무실은 밖에서 느꼈던 앤틱한 느낌과는 달리 매우 현대적이고 세련된 분위기였는데, 그러면서도 동시에 창의적이고 아늑한 느낌을 자아내고 있었다.

"정말 인상적이었어요. 사실, 전 터키에 오기 전엔 몇 가지 선입견이 있었거든요. 모두 보수적일 것이다, 모두 엄격한 무슬림일 것이다, 절대 술은 마시지 않을 것이다 등과 같은 편견들이요."

"그리고, 위험할 것이라는……?"

내가 먼저 말하기엔 조심스러워 피해왔던 단어를 옥타르는 아무렇지도 않다는 듯 웃으며 먼저 꺼냈다.

"하하, 네 맞아요. 테러가 도사리고 있을 것이라는 편견도 있었어요."

"하하, 숨기지 않아도 되요.
다들 아는 사실인데요, 뭐. 서구 미디어가 만든 편견이죠. 그런데, 실제로 만나 본 터키는 어땠나요?"

그는 이미 답을 알고 있다는 듯 확신하며 물었다.

"무엇보다, 정말 친절했어요!"

나는 바로 전날 밤에 있었던 이야기를 해주었다.

나는 전날 밤 저녁이나 먹을까 하고 블루 모스크 앞 광장에 나갔었다. 그런데 그곳엔 엄청난 인파가 모여 있었다. 척 봐도 모두 전통적인 무슬림들이었다.

그 엄청난 인파를 보았을 때 내 속에 처음 든 감정은 무서움이었다.

'여기서 무슨 거대한 종교 행사라도 있는 것일까?
아니면 혹시 폭동이라도 준비하고 있는 것일까?'

이런 불편한 생각들이 본능적으로 가장 먼저 떠올랐던 것이다.

그런 불편한 감정을 안고 주위에 물어본 결과, 이 많은 사람들은 라마단 기간의 금식을 지키고 해가 진 후 함께 식사를 나누기 위해 모인 가족들임을 알 수 있었다. 그런데 마침 일요일이라 평소보다 더 많은 인파가 모인 것이었다.

　그래서 용기를 내어 사람들 속으로 걸어 들어가 보았다. 사람들에게 밟히지는 않을까, 이교도라고 배척당하지는 않을까 하는 두려움은 여전히 내 안에서 움찔대고 있었다. 그때 한 가족이 내게 손짓을 했다. 노모를 모시고 나온 세 딸들과 남자 친구였다. 그들의 손짓은 이리 와서 함께 먹자는 의미였다. 아마 무슬림 사이를 어리둥절하며 걸어 다니는 동양인이 눈에 띄었던 것 같았다.

"저는 사실 그 상황이 조금 놀라웠어요. 왜냐하면 저는 그런 전통적인 무슬림들은 조금 폐쇄적일 거라고 생각했거든요 ……."

　그런데 가까이서 본 그들은 너무나 밝았고 또 친절했다. 자리에 앉기가 무섭게 시원한 홍차와 빵, 그리고 돌마(고기와 쌀로 속을 채우고 포도 잎으로 싸서 만든 터키 전통 음식) 여러 개가 내 앞에 놓여졌다.

그뿐 아니었다. 옆에 있던 가족들도 낯선 동양인에게 먹어보라며 음식을 건네 왔고, 거기엔 내가 평소 좋아하던 파운드 케익이나 터키식 디저트 같은 것들이 있었다.

그들은 내게 어디서 왔으며, 어떤 일로 여행 중인지 호기심 어린 표정으로 물어왔다. 나는 그들에게 내가 어디서 왔으며 어떤 여행 중인지 설명해주었다. 그들도 내게 왜 저녁에 이렇게 함께 식사를 나누는지, 그리고 오늘 모인 가족 구성원은 누구인지 친절하게 설명해 주었다.

나는 터키어를 거의 하지 못했고, 그들은 영어를 거의 하지 못했기에 우리는 핸드폰을 열어 영어와 터키를 번갈아 통역해야만 했다. 그럼에도 불구하고, 우리는 같은 감정을 공유하는 같은 사람으로서 서로의 이야기에 공감해줄 수 있었다. 그 대화 속에서 나는 그들의 남동생이자 오빠였고, 그들은 내 누이이자 어머니였다. 가까이서 경험한 터키 사람들은 내 고향 사람들과 다를 바 없었고, 내 가족과 다를 바 없었다.

그렇게 이 행복한 가족과 이런저런 수다를 떨며 황송한 식사를 나누던 그때, 나를 정말 놀라게 한 일이 일어났다. 지나가던 한 아저씨가 불쑥 이 집 음식 솜씨를 좀 봐도 되겠냐고 물어온 것이다.

그런데 이 집의 착한 딸들은 마치 당연하다는 듯 돌마 몇 개를 싸서 아저씨에게 쥐어주었다. 나는 갑자기 벌어진 이 상황이 놀랍기도 하고 당황스럽기도 해 돌마를 입에 물고 가는 그 아저씨의 뒷모습을 한참을 쳐다보았다. 그리고 다시 이야기를 나누는 동안 이번엔 한 구걸하는 시리아 아이가 지나갔고, 이 집의 큰딸은 당연한 듯, 아니 일부러 이 가난한 아이를 위해 준비한 것이라도 되는 듯 그 시리아 아이의 손을 잡고 이끌어 빵 몇 조각을 손에 꼭 쥐어 주었다.

나는 그때 알게 되었다.

'이게 이슬람이구나! 이게 라마단이구나!'

AD

라마다 기간, 터키의 한 카드사 광고 – 라마단을 기념하여 마을 사람들이 모여 함께 음식을 나눠먹는 내용을 소개하고 있다.

Image Resource : https://www.youtube.com/watch?v=_Sf35HzmZFY

전날 있었던 그 사건 이후 내 머릿속에서 라마단은 크리스마스와 같은 모습으로 남게 되었다. 무슬림에게 라마단이란, 가족이 음식을 나누고 가난한 사람들에게 먹을 것을 나누어주는 매우 경건하면서도 가슴 따뜻한 절기였던 것이다. 그리고 이 모습은 내가 이전에 선입견으로만 갖고 있던 라마단에 대한 왜곡된 편견과는 너무나 상반된 모습이었다.

"하하하. 맞아요. 그게 이슬람이고, 그게 터키 사람이에요.
우리 무슬림들은 손님이 찾아오면 '신이 보낸 손님'이라고 생각해요. 그게 이슬람의 가르침이거든요.
사실 이스탄불은 좀 덜하지만, 조금만 시골로 내려가도 터키 사람들의 친절함을 훨씬 더 깊이 느낄 수 있어요.
예를 들어, 저는 이스파르타 출신인데, 이스파르타에서는 누구라도 문을 두드리고 배가 고프다고 말하면 그가 누구인지, 어디서 왔는지 묻지도 않고 문을 열어줘요. 그리고 식사를 대접하죠.
잘 곳이 없다고 말하면 방을 내주고 잠도 재워줘요.
심지어 자기들이 그럴 만한 형편이 안되더라도 말이에요, 하하하.
그게 바로 터키 사람이고 그게 바로 이슬람 문화에요!"

정말 그랬다. 세계 최대 장미 생산지로도 유명한 이스파르타를 여행할 때, 행여나 길이라도 물어볼라 치면 사람들이 모여들어 서로 길을 안내해주었다. 그리곤 어김없이 집에 들어와서 챠이를 마시고 가라고 권했었다. 나중엔 그 친절이 부담스러워, 길을 물어보는 데에도 조심을 기해야 했다.

"그럼, 그런 이슬람의 따뜻한 정서가 광고에도 반영이 되었다고 볼 수도 있을까요? 특히 'Hearing Hands' 캠페인 같은 경우에 말이에요."

"네, 저는 그렇게 생각해요. 왜냐하면 저는 우리가 아이디어를 찾는 게 아니라, 아이디어가 우리를 찾아온다고 생각하거든요."

"네? 아이디어가 우리를 찾아 온다구요?"

"네, 정말 좋은 아이디어는 우리가 찾아내는 게 아니라, 스스로 우리를 찾아와요!
예를 들어, 커피 광고를 만든다고 생각해봐요. 그러면 우리 안에는 이미 커피에 관한 충분한 정보와 충분한 기억들이 있어요.
이를테면, 어릴 적 경험이나 친구들과 함께한 추억, 또는 어머니와 관련된 기억일 수도 있죠.
그런 추억과 기억들은 억지로 찾아낸다고 찾아지는 게 아니에요. 오히려 마음을 비우고, 그런 기억들이 자연스레 나를 찾아올 때까지 내버려둘 때, 그때 가장 좋은 아이디어가 떠오르죠."

"그러니까, 당신을 자라게 한 배경이나 추억들이 당신의 아이디어와 광고에 고스란히 배어 있다는 의미인가요?"

"네, 맞아요.
특히 터키 사람으로서 우리는 매우 독특한 환경을 갖고 있어요. 생활 방식은 유럽이지만 종교적으로는 이슬람이에요. 가정에선 전통을 중요시하지만 학교에선 서구적인 교육을 받죠.
이런 복합적인 요소들이 우리의 성장 배경에는 골고루 녹아 있고, 이 독특한 환경과 경험을 배경으로 창의적인 아이디어와 창의적인 광고들이 나온다고 생각해요.
우리가 할 일은 단지 그런 경험과 추억들이 아이디어가 되어 우리를 찾아올 수 있도록 내버려두는 거죠."

옥타르가 만든 인쇄 광고 중 하나.
아이스크림을 사기 위한 1리라를 벌기 위해 아이
가 꺼낸 아이디어가 귀엽다. 옥타르의 어린 시절
을 반영한 것일 거라 생각되었다.

Image Resource :

https://www.adsoftheworld.com/media/
outdoor/mcdonalds_pocket

옥타르가 만든 또 다른 광고 중 하나.
아이스크림을 사기 위한 동전을 벌기
위해 이번엔 아버지의 주머니에 구멍
을 내고 있다.
옥타르의 어린 시절은 매우 장난꾸러
기였음이 분명해 보였다.

Image Resource :

https://www.adsoftheworld.
com/media/outdoor/
mcdonalds_pocket

아이디어가 나를 찾아올 때까지 내버려둔다. 정말, 신선하고 멋진 생각이었다. 하지만 바쁜 현업에서도 실현 가능한 생각일까?

"그럼, 팀원들에게도 똑같이 이야기하나요? 그러니까, 새로운 프로젝트가 주어졌을 때 팀원들을 강하게 푸쉬하기보다 그들에게도 좋은 아이디어가 찾아올 수 있는 시간과 여유를 주나요?"

"네, 그러려고 노력하는 편이에요. 젊은 친구들은 종종 너무 열정적이어서 멈춰야 할 때를 몰라요. 지나치게 한 가지 생각만을 파고들다 고착 상태에 빠지곤 하죠. 그럴 때면 전 '됐어, 이 정도면 충분해!'라고 이야기해줘요. 저는 젊은 친구들이 열정적으로 일하는 방법뿐만 아니라 만족하는 법도 배워야한다고 생각해요. 성과나 결과에 지배당하지 않고 여유를 가질 수 있도록 말이에요.
그렇게 할 때에만 더 훌륭한 캠페인들을 만들 수 있고, 더 훌륭한 광고인이 될 수 있다고 생각해요.
'됐어, 이 정도면 충분해!' 저는 젊은 친구들이 이 생각을 빨리 배울 수 있길 바래요."

광고라는 일과 후배를 대하는 그의 태도는 내게는 매우 신선했다. 왜냐하면 그는 거의 광고 경력 20년을 바라보는 베테랑이었기 때문이다. 광고 산업에 대해 속속들이 알만큼 경험한 그가 소위 '숫자'에 지배당하지 않고, 오히려 훌륭한 광고를 위해 여유를 중요하게 생각하는 모습은 상상 속에서나 존재했던 롤모델이지 현실에선 한 번도 보지 못했던 모습이었다.

"옥타르, 당신이 지금 내게 해준 얘기는 내겐 너무 신선해요.
왜냐하면 내가 경험한 광고계는 오히려 경력이 쌓일수록 좋은 캠페인이나 좋은 광고에 대한 꿈은 잊어버리고, 오직 실적과 성과에만 목을 매도록 강요해 왔거든요.

위 광고가 말하고자 하는 것은 무엇일까?
위 광고는 옥타르가 만든 카메라 광고로 "빠른 자동포커스"를 콘셉트로 하고 있다. 카메라가 너무 빨리 피사체를 따라가는 바람에 촬영하던 사람이 카메라에 끌려가고 있다. 디자인을 전공한 옥타르의 감각이 광고에도 그대로 배어 있다.

Image Resource :

https://www.adsoftheworld.com/media/print/samsung_fast_autofocus_3

그래서 다른 방식으로 생각할 수 있다는 가능성조차 생각하지 못했어요."

"하하, 저도 처음부터 그런 생각을 갖고 있었던 건 아니에요.

저는 원래 광고를 할 생각은 없었어요. 저는 대학에서 디자인을 전공했는데 졸업을 앞두고 마땅히 진로를 결정하지 못해 방황하고 있었죠.

그때 한 선배가 광고회사에 취직할 것을 권했는데, 돈을 벌어야 했기에 떠밀리듯 광고회사에 취업했던 거예요.

그렇게 처음 취직한 광고회사는 정말 작은 회사였어요. 혼자서 디자이너, 카피라이터, 플래너까지 1인 3역을 해야 했죠.

그런데, 그때 오히려 많은 것을 배웠어요. 제가 갖고 있는 광고에 대한 철학도 어쩌면 그때 배운 것 같아요. 눈코 뜰 새 없이 바쁘던 그 시절에, 오히려 좋은 아이디어는 내가 붙잡고 있을 때가 아니라 내버려둘 때 나를 찾아온다는 것을 알게 된 거죠."

"그렇게 떠밀리듯 시작한 일을 근 20년째 하고 있네요?"

"터키에는 의무 군복무 기간이 있어요. 6개월 정도요. 그 기간 동안 남자들은 진로에 대해 많은 고민을 해요. 저도 마찬가지였구요."

터키도 한국처럼 남자들의 의무 군복무 기간이 있었다. 그리고 터키 남자들도 한국 남자들처럼 군복무 기간 동안 장래에 대한 고민을 하고 있었다. 군대가 남자들에게 진로에 대한 고민의 장이 된다는 것은 인류 공통의 일인 것 같았다.

"그 기간 동안 전 광고가 과연 계속 할 만한 가치가 있는 일인지 생각해보았어요. 그리고 결론을 내렸죠. '그래, 할 만한 일이다'라고 말이에요.

저는 광고가 사람에 대해 생각하는 일이라 좋았어요. 사람들의 생각에 대해, 사람들의 삶에 대해 항상 생각하죠.

그리고 사람들의 행동을 바꾸고 사람들의 삶을 바꿔요. 세상에 있는 많은 직업들 중에 이만큼 광범위하게 사람들에게 영향을 끼칠 수 있는 직업이 또 있을까요? 전 그 점이 가장 매력적이었어요.

그런 매력에 이끌려 저는 광고를 계속 하겠다 마음먹었고, 이후론 돌아보지 않고 죽 달려서 지금껏 이 일을 하고 있어요.”

그의 말처럼 광고는 정말 많은 사람들에게 큰 영향을 끼친다. 이는 파미르가 내게 해주었던 이야기와 일맥상통했다.

하지만, 중요한 것은 그 영향이 긍정적인 영향이냐는 것 아닐까. 지금과 같은 자본주의 중심의 세상에서 광고가 단지 대규모 자본의 종노릇을 하는 것인지, 아니면 좀 더 나은 세상을 위해 긍정적 기능을 하는 것인지 나는 그 점이 궁금했다.

그리고 옥타르는 어쩌면 그에 대한 약간의 답을 줄 수 있을지도 모를 일이었다.

“그럼, 옥타르, 당신은 어떻게 생각하나요? 그러니까, 광고의 역할에 대해서 말이에요. 광고가 사람들에게 영향을 끼친다고 얘기하셨는데, 그러면 당신은 광고가 사람들에게 긍정적인 영향을 미친다고 생각하나요? 과연 광고가 좀 더 나은 세상을 만드는데 기여한다고 생각하시나요?”

“광고가 더 나은 세상을 만드냐구요?

하……, 정말 어려운 질문이네요.”

그는 잠시 망설이더니, 간단하게 내 질문에 답을 해주었다.

터키의 한 백혈병 어린이를 위한 캠페인
터키에는 매년 2천 명 이상의 어린이들이 백혈병으로 고생하고 있지만 국민들은 이러한 사실을 잘 모르고 있다. 그래서 마련된 캠페인이 백혈병 아이들의 웃음소리를 녹음해 라디오 방송 중간에 들려준 것! 갑자기 웃음소리를 들은 청취자들은 궁금해 했고, 라디오 진행자를 통해 사연을 들은 사람들은 아이들을 위한 치료비를 송금했다. 그리고 이는 뉴스에도 소개되었다. 이렇게 터키에선 크리에이티브한 캠페인을 통해 사람들의 인식과 행동을 변화시키고 있었다.

Image Resource :

https://www.behance.net/gallery/55926839/Loesev-Laughing-Switch

"그에 대한 저의 대답은 …… '그렇다'에요."

그의 얼굴엔 옅은 미소가 퍼져 있었다.

"그 대표적 예가 바로 'Hearing Hands' 캠페인이라고 생각해요.
저는 수많은 광고를 만들었지만, 여전히 제 대표적 캠페인을 꼽으라면 바로 'Hearing Hands' 캠페인을 얘기해요. 왜냐하면 이 캠페인이 사람들의 생각과 행동에 끼친 긍정적인 영향 때문이죠.
터키에는 청각장애인이 350만 명 정도 있다고 해요. 그런데 우리는 평소 그들에게 관심조차 갖지 않았어요. 그들이 어떤 불편함을 느끼는지, 어떤 어려움을 호소하고 있는지, 심지어 어디에 살고 있는지도 몰랐어요. 그런 상황에서 그냥 청각장애인 콜센터 서비스를 알리는 것은 아무런 의미를 갖지 못할 것 같았어요.
그래서 우리는 이 프로젝트를 맡게 되었을 때 '청각장애인들이 어떤 장벽들을 경험하고 있는지 사람들이 느끼고 이해하게 만들자'라고 마음먹었어요. 그런 생각 속에서 청각장애인에게 장벽이 없는 하루를 만드는 캠페인을 만든 거죠.
그런데 놀랍게도 그 결과는 어떤 상업적인 광고보다 더 대단했어요. 공중파에 광고를 틀지 않았음에도 불구하고 엄청난 사람들이 자발적으로 영상을 퍼 날랐으니까요. 그리고 터키 의회에까지 영향을 끼쳤어요. 비로소 사람들이 청각장애인에게 관심을 갖게 된 거에요. 그리고 사람들의 생각과 행동이 바뀌었죠. 긍정적인 방향으로 말이에요. 어쩌면 콜센터 서비스 자체보다도 더 큰 일을 광고가 해낸 거예요. 광고 때문에 조금 더 나은 세상이 만들어진 거죠."

"그런데, 옥타르. 저는 바로 그 부분이 가장 풀리지 않는 숙제에요. 제겐 너무 아이러니처럼 느껴지거든요. 'Hearing Hands' 캠페인의 광고주는 삼성이에요. 정말 거대한 자본이죠. 이 훌륭한 캠페인도 이런 거대 자본이 없었다면 불가능했을 거예요. 그런데 이런 거대 자본들은 현대 자본주의 사회에서 너무 많은 문제들을 일으키고 있어요. 사실, 지금의 사회 문제 대부분이 이 거대 자본들 때문에 발생한 것이라 해도 과언이 아니죠. 그러면 이런 질문이 당연히 생기는 거예요. 광고는 자본주의를 필연적인 전제로 하면서, 자본주의가 낳은 많은 상처들을 치유할 수 있는가 말이에요."

"하하, 재미있네요. 사실 이 질문은 저도 오랜 시간 마음에 품고 있던 질문이기도 하거든요.
왠지 알라(Allah)가 우리를 만나게 해주신 것 같다는 생각이 드는데요. 이런 이야기와 고민을 함께 나누어 보라고 말이에요, 하하하."

무슬림이란 사실을 잊게 만드는 자유분방한 터키의 광고인들 입에서 종종 알라의 이름이 나올 때면 나 역시 당황하게 되었다. 하지만 외국인의 무슬림에 대한 편견을 잘 알고 있음에도 불구하고, 이렇게 그들의 신앙을 표현한다는 것은 이들이 그들의 삶 깊이 나를 받아들였다는 징표이기도 했다.

"오랜 시간 같은 질문을 갖고 있던 제가 깨달은 결론은, 그래서 크리에이티브가 필요하다는 거예요."

"그래서 크리에이티브가 필요하다?"

"네, 맞아요. 삼성은 거대 자본이죠. 하지만, 세상에는 삼성 외에도 거대 자본들이 수없이 많아요. 그리고 모든 거대 자본들은 언제든 괴물로 변해버릴 가능성을 항상 내포하고 있어요.
그런데 그런 거대 자본들이 괴물로 변하는 것을 막는 것이 바로 크리에이티브라고 생각해요. 거대 자본에서 인간성을 찾아내고, 그렇게 찾아낸 인간성을 바탕으로 자본과

사람을, 사람과 사람을 연결시켜주는 것, 그것이 크리에이티브의 역할이라고 생각하는 거죠.
그래서 전 광고가 더 나은 세상을 만들 힘과 가능성을 갖고 있다고 믿는 거예요."

자본이 괴물로 변하는 것을 막는 것이 크리에이티브다……. 크리에이티브에 대해 내가 들어 본 정의 중 가장 멋진 말이었다.

"물론 항상 그럴 수 있다는 건 아니에요. 제가 만든 대부분의 광고도 매우 상업적이었고 지금도 그런 상업적인 광고를 만들고 있어요. 하지만 훌륭한 크리에이티브는 그래야 한다고 믿고 있는 거죠.
여기 제 오른팔에 타투 보이시나요?"

그의 오른팔엔 커다랗게 로만체로 Hope라는 글씨가 새겨져 있었다.

"제 스스로 항상 희망하고 노력하는 태도를 잊지 않으려고 이 글씨를 팔에 새겨 두었어요. 매일 아침, 책상에 앉으면 팔에 새겨진 이 타투를 쳐다봐요. 그리고 더 나은 캠페인을, 더 나은 크리에이티브를 희망하죠.
조금 더 나은 세상을 만들 수 있는 그런 크리에이티브를 말이에요."

*
**

내 마음에 무언가 큰 울림을 남긴 옥타르와의 만남을 뒤로 하고 다시 쉬샤네 거리로 나선 길, 터키인들의 밝은 표정이 이전과는 달라 보였다.
나에겐 분명 무슬림에 대한, 이슬람 세계에 대한 선입견이 있었다. 오래된 문화 유적들과 함께 과거에 머물고 있는 나라라는 선입견, 보수적 사고방식과 히

나는 매디슨 애비뉴를 떠났다

잡에 갇힌 사람들일 것이라는 선입견 같은 것들.

하지만 터키는 나로 하여금 그런 선입견 속에 머물도록 내버려두지 않았다. 내가 경험한 터키는 관용이 넘쳤고, 이슬람이라는 따뜻한 정체성 속에 더없이 밝고 자유로운 정신을 품고 있었다. 이런 문화와 사고방식은 터키의 광고인들에게도 그대로 배어 있어, 그들은 내가 상상하지도 못한 수준으로 창의적이고, 자유로웠으며, 인간적이었다. 이렇듯 내가 처음 만난 이슬람 세계, 터키는 여러 각도에서 나를 놀라게 했고, 나아가 나를 좁은 편견에서 벗어나게 해주었다. 동시에 내가 오랫동안 숙제로 안고 있던 고민에 대한 해결의 실마리를 제시해 주고 있었다.

모델의 결정

"연예인 자주 보세요?"
광고를 한다고 하면 가장 많이 듣게 되는 질문이 바로 이것이다.
그만큼 광고는 연예인(모델)을 빼고는 말할 수 없을 만큼
서로 밀접한 관계를 맺고 있다.
실제로, 광고에서 빅모델의 파워는 결코 무시할 수 없다.
심지어 어떤 광고는 빅모델을 사용한다는 사실만으로도
어마어마한 이슈를 낳으며
큰 홍보 효과를 보니까.
그렇다 보니, 광고 실무에선 그 인기와 영향력에 따라
광고 모델들에게 등급을 매긴다.
SA, A, B, C, 엑스트라 급까지……
그리고 그 등급이 올라감에 따라 모델료와 대우는 천정부지로 올라가게 되며
SA급 모델들은 1년 계약료가 수억 원을 훌쩍 넘어간다.

4명의 빅 스타 모델들과 함께 촬영을 진행했던 DA사의 광고. 당대 가장 바쁜 스타들과 스케줄을 조율해야만 했던 이때의 촬영은 이후에도 두고두고 좋은 이야기 거리로 남았다.

그럼 이 비싼 모델의 선정 과정은 어떻게 진행되는 것일까?

원칙은 이렇다.
우선, 광고 콘셉트에 따라 시안을 제작한다.
그리고 그 시안에 어울리는 모델 후보군을 제안해 줄 것을 모델 에이전시에 요청한다.
모델 에이전시는 해당 시안의 컨셉에 어울리는 모델들 중에서
다른 유사 브랜드와의 계약 관계에서 충돌은 없는지,
촬영에 있어 제약 조건은 없는지,
평판에 있어 문제는 없는지 등을 골고루 검토하여 후보 군을 제안한다.
만일 외국인이라면 비자에 있어 문제는 없는지,
출국 일정은 문제없는지 등도 함께 꼼꼼하게 검토하여 제안한다.
그렇게 제안 받은 모델군 중에서 제작팀과 기획팀의 협의 후
클라이언트의 컨펌을 거쳐 비로소 최종 광고 모델이 결정되게 된다.

하지만 이건 어디까지나 교과서적인 원칙이며
광고 실무에선 순서가 아예 거꾸로 되는 경우가 더 많다.
모델을 먼저 정해 놓고, 계약 가부를 검토하고, 거기에 맞춰 시안을 제작하는 것이다.

이런 경우는 크게 두 가지 이유 때문인데,
첫 번째는 특정 연예인이 이슈가 되고 있는 경우다.
그 이슈의 힘에 의지해 브랜드를 알리고 제품을 팔고자 함이 전략의 배경이다.
두 번째는 클라이언트의 가족이 특정 연예인을 좋아하는 경우다.
이럴 때 다른 방법은 없다.
무조건 해당 모델을 정해두고 광고를 제작하는 수밖에.
그럼에도 불구하고
원칙과 예외를 불문하고 훌륭한 결과물을 이끌어낼 때
우리는 그를 비로소 '선수'라고 부른다.

I left Madison Avenue.

3부

공산주의 광고를 만나다

I left Madison Avenue.

나는 매디슨 애비뉴를 떠났다

중국, 자본주의, 그리고 광고

"세상에, 이게 시안 콘티라구요?"

내가 중국 상해의 광고회사인 F사를 방문했을 때 그곳은 신규 광고주를 영입하기 위한 경쟁 PT가 한창이었다. 하필 내가 방문하는 때가 이렇게 바쁜 시기와 겹치게 되었다는 사실을 처음 알게 되었을 때 나는 약간은 낙담했었다. 하지만 이내 이것이 매우 다행스러운 일임을 알게 되었다. 왜냐하면 다른 경우라면 결코 볼 수 없었을 중국 광고회사만의 독특한 시안들을 볼 수 있었기 때문이다.

"네, 맞아요. 그런데 왜 그러시죠?"

"전 정말 태어나서 이렇게 멋진 콘티는 처음 봐요! 이 자체로 하나의 멋진 예술품 같은 느낌인데요?"

내 말에는 조금의 거짓도 아부도 없었다. 내가 만난 중국 광고회사의 콘티는 그 자체로 먹과 붓으로 그려낸 한 점의 멋진 수묵화처럼 보였다.

짧은 시간 연필로 급하게 그려낸 시안 콘티에만 익숙하던 나는 콘티만으로도 어떻게 영상이 구현될지를 눈앞에 그려내는 중국 광고회사의 생생한 시안 앞에서 한동안 눈을 떼지 못했다. 한 번 쓰이고 버려지는 시안으로만 치부하기엔 너무나 아까울 정도였다.

"어머, 그런가요? 하하 고마워요. 저희는 늘 접하는 거라 그렇게 특별한 건지 몰랐네요."

내가 중국 광고회사의 평범한 시안에 이렇게 놀란 것은 어쩌면 중국에 대한 어떤 고정관념이 내 안에서 작용하고 있었기 때문인지도 모를 일이었다.

중국의 콘텐트는 한국에 비해 수준이 높지 않을 거라는 선입견이 내 안에 분명 존재했고, 이런 선입견은 중국 광고 수준에 대한 기대치를 한껏 낮추고 있었던 것이다.

"미안해요. 미셸. 어쩌면 제가 중국의 광고 세계를 너무 우습게 본 것 같네요. 하지만 이해해주세요. 중국에 대해 오해하고 있는 것은 꼭 저만은 아닐 거예요."

"하하하, 이해해요. 사실 중국에 대해 많이들 오해하고 계시죠. 하지만 저희도 억울한 면이 있어요. 특히 중국의 콘텐트 수준에 대해서는 말이에요. 중국의 광고나 콘텐트에는 공산당 검열이라는 매우 중요한 배경이 있거든요."

"광고까지도 공산당의 검열을 거친다고요?"

"네, 중국에서 광고는 다른 나라들과 달리 공산당의 검열을 거쳐야 해요. 그런데 이 검

F사에서 진행 중이던 광고 시안의 콘티 중 일부

열 기준이 정말 까다롭거든요.

게다가 때에 따라 그 기준이 바뀌기도 하구요. 왜냐하면 공산당 검열은 단순히 광고의 사회적 영향만 검토하는 것이 아니라, 그때그때 중국 정부의 정치적 입장까지 반영하니까요."

"세상에! 그러면 도대체 어떤 기준으로 심의를 예측할 수 있단 말이에요? 광고가 완성되기도 전부터 많은 제약을 받을 수밖에 없겠는데요?"

"네, 맞아요. 우리는 광고 촬영 전 시안 단계부터 먼저 심의를 넣어요. 촬영을 다 끝내놓고 검열을 통과 못하면 비용 타격이 너무나 크니까요.

이처럼 까다로운 사전 검열을 거쳐야 하다 보니, 아무래도 창의적인 표현에 있어 많은 제약을 받을 수밖에 없는 거죠."

방송 광고 심의는 광고에 있어 매우 중요한 절차 중 하나다. 광고가 사회 일반에 미치는 정서적 영향을 고려하면 심의는 필수불가결의 장치인 것이다. 하지만 광고주들은 저마다 더 효과적이면서 자극적인 메시지를 광고에 담으려 하기 때문에, 광고인들은 그들의 요구와 광고 심의 사이에서 끝없는 줄다리기를 할 수밖에 없다.

그런데 중국에선 한국보다 몇 배나 엄격한 검열을 시안 단계에서부터 거쳐야 한다니, 그 제작 과정의 어려움이 얼마나 클지 상상이 되고도 남았다.

"그럼 한류 콘텐트는 어떻게 수입이 될 수 있었던 거죠? 만일 그렇게 검열과 심의가 까다롭다면 한류 콘텐트가 중국에서 방영되는 데에도 많은 제약이 따랐을 것 같은데."

"일종의 아이러니지만 그것 역시 까다로운 공산당의 검열과 상관이 있어요.

중국에선 오랫동안 이 까다로운 방송 심의 기준 때문에 다양한 장르의 콘텐트를 제작할 수도, 접할 수도 없었어요.

대부분 공산당의 정책에 위배되지 않는 전통 사극이나 드라마만 방송이 가능했죠. 그런 한정적인 방송 환경에 제한되었던 중국인들이 인터넷을 통해 한국의 독특한 드라마를 접하게 된 거에요. 시공간을 넘나드는 사랑 이야기 같은 것들 말이에요.

이런 이야기들은 중국인들에겐 지금까지 보지 못했던 충격적인 소재였고, 방송 검열에 앞서 온라인을 통해 먼저 퍼져나간 거죠.

그리고 이제는 이런 현상을 걷잡을 수 없게 되자, 당국은 아예 유사 콘텐트를 자체 제작하기로 한 거구요."

그녀의 설명을 들으니 왜 그렇게 중국 사람들이 한국의 드라마에 열광해왔는지, 나아가 왜 유사 드라마를 생산해내고 있는지 나름의 사정을 이해할 수 있을 것 같았다.

"그럼, 미셸. 조금 더 본질적인 궁금증이 생기는데요? 광고야말로 가장 자본주의적인 산업이잖아요? 만일 미셸의 설명처럼 중국이 엄격한 공산당의 규제를 받고 있다면 어떻게 광고라는 산업 자체가 중국에서 허락될 수 있었던 거죠?"

이 궁금증은 내가 중국을 방문하게 된 이유이기도 했다. 중국은 우리와 이웃나라임에도 불구하고 그 실체를 정확히 아는 사람은 별로 없었다. 모두 성급하게 일반화된 중국의 모습을 중국이라고 정의 내리고 있을 뿐이었다. 특히 사회주의 국가가 어떻게 광고라는 자본주의적 산업과 공존할 수 있는지 정확하게 설명해줄 수 있는 사람은 거의 없었다.

결과적으로 각종 편견만이 중국에 대한 상식처럼 받아들여지고 있었고, 이런 편파적인 상식에 대해 의구심을 품었던 나는 세계의 광고회사를 여행하겠다고 마음먹었을 때 중국을 빼놓을 수 없었다.

"사실, 중국에서 광고 산업은 그 역사가 꽤 길어요.
중국이 1978년에 사회주의 시장경제를 표방하면서 이미 광고업은 시작되었으니까요.
정치적으로는 사회주의지만 경제적으로는 40년 전에 이미 서구식 자본주의를 받아들인 거죠."

미셸은 완성된 시안을 노트북에 담아 녹음실로 이동해야 했고, 우리는 녹음실이 위치한 상해의 중심가 난징루로 이동하며 대화를 이어나갔다.

"하지만 광고가 본격적으로 발달하는 데에는 꽤 오랜 시간이 걸렸어요. 중국인들에게 TV 보급률이 높지 않았거든요.
그런데 2008년 베이징 올림픽을 기점으로 중국의 광고 산업이 크게 발달하게 되었어요. 당시 광고가 어마어마한 수익을 내면서 중국 정부에서도 광고를 번듯한 고부가가치 산업으로 인정하게 된 거죠.
동시에 광고에 대한 사람들의 인식도 많이 바뀌었어요. 올림픽 이후로 광고를 단순히 제품을 파는 수단에서 하나의 콘텐트로 인식하게 된 거죠.
그래서 중국 광고의 본격적인 시작은 베이징 올림픽 이후라고 보시는 게 맞을 것 같아요."

미셸은 중국 광고회사인 F사의 AE(광고 기획자)였다. 수소문 끝에 그녀를 소개 받은 것은 나로서는 참 다행스러운 일이었는데, 그녀는 매우 친절한 태도 외에도 중국 광고에 대한 폭넓은 지식을 갖고 있었기 때문이다. 게다가 예상하지 못했던 중국의 많은 규제 속에서 광고회사를 방문한다는 일은 쉬운 일이 아니었기에, 그녀를 만난 것은 내겐 더더욱 큰 행운이었다.

베이징 올림픽을 소재로 한 유명 스포츠 브랜드의 광고
"Impossible is Nothing(불가능 그것은 아무것도 아니다)"라는 슬로건이 남달라 보인다.

Image Resource :

https://www.adsoftheworld.com/media/outdoor/adidas_diving

"그럼, 미셸, 지금 중국에서 광고 산업은 아직도 성장 중인 걸까요?"

"네, 맞아요. 지금 중국 전체가 과도기적 단계에 있어요. 과거와 현재가 공존하고 있고 사회주의와 자본주의가 공존하고 있죠. 그 속에서 사람들의 사고방식과 생활 태도도 과거와 현재, 미래가 혼동되어 있구요. 광고도 마찬가지에요. 여전히 10여 년 전 스타일의 광고가 TV 광고를 채우고 있지만, 매우 세련되고 현대적인 광고가 집행되기도 해요. 이렇듯 여러 시대가 섞여 있는 모습이 지금의 중국이에요."

그녀의 말은 사실이었다. 그리고 바로 이점이 중국에 도착한 이래 내 머릿속을 가장 어지럽게 만든 부분이었다.

중국에 도착하기 전 내 머릿속에는 중국에 대한 어떤 고착화된 이미지가 있었다. 그 이미지 속에서의 중국은 낡고 예스런 모습이었고, 그 오래된 집들 사이를 남의 시선은 아랑곳하지 않는 현지인들이 아무 옷이나 걸친 채 자전거를 타고 지나다니고 있어야 했다.

그런데 중국의 광고회사를 찾아다니며 내 눈으로 직접 본 실제의 중국은 머릿속 이미지, 엄밀히 말해 매스미디어를 통해 형성된 중국에 대한 선입견과는 크게 달랐다.

대기업들이 모여 있는 푸동 루자쭈이 지역은 동방명주를 비롯한 초고층 빌딩들이 위용을 자랑하고 있었고, 상해 개항의 역사를 고스란히 담고 있는 와이탄에는 19세기 미국을 연상시키는 세련되고도 클래식한 외관의 금융사들이 상해가 중국의 중심을 넘어 세계의 중심을 꿈꾸고 있음을 보여주고 있었다. 그리고 가격조차 가늠하기 힘든 최고급 차들이 이 발전한 도시 위를 느긋하게 지나다니며 화려한 상해 거리의 화룡점정이 되어주고 있었다.

서울과 비교해도 결코 뒤지지 않을 만큼 발전한 이곳, 얼핏 보아선 중국이 아닌 뉴욕 맨해튼을 연상시키는 이곳이 바로 중국의 중심 상해였고, 그 모습은 중

중국의 한 세탁 세재 광고
새하얀 드레스를 입고 시장에서 음식을 손질하면서도 '두려워 할 필요가 없다.'는 메시지를 담고 있다. 재미있는 점은 광고에서 드러나는 배경이 상해 뒷골목의 모습을 고스란히 보여주고 있다는 점이다.

Image Resource :

https://www.adsoftheworld.com/media/print/ariel_market

국을 섣불리 짐작했던 내 편견을 바닥에서부터 송두리째 바꾸어놓는 것이었다.

그렇다고 이 최첨단의 도시가 곧 중국이라고 정의한다면, 이 또한 너무 성급한 결론이었다. 높게 솟은 화려한 건물 뒤로 한 두 블록만 들어가도 상해의 전혀 다른 이면이 나타났기 때문이다.

마치 과거로 가는 타임머신이라도 탄 듯, 좁은 골목을 따라 조금만 들어가면 수십 년 전의 중국이 아직 상해의 첫인상에 놀란 마음을 추스르지 못한 외국인의 눈앞에 갑작스레 모습을 드러냈다. 그곳에선 좀 전의 첨단 도시와는 너무나 어울리지 않는 취두부 냄새가 코를 찌르고 있었고, 80년대 성룡 영화에나 나왔을 법한 낡고 좁은 골목 사이로 러닝셔츠 차림의 중국인들이 자전거를 탄 채 건물 사이에 널린 빨래들 아래를 누비고 다녔다.

"미셸, 당신의 말처럼 중국은 정말 한마디로 정의하기 어려운 곳인 것 같아요. 건물 몇 개를 사이에 두고 수백 년을 오가니까 말이에요."

"네, 맞아요. 만일 시간이 된다면 이곳 난징루를 벗어나서 상해 외곽으로 여행해보세요. 그곳에선 훨씬 더 심한 시대적 이질감을 느낄 수 있을 거예요. 최첨단 도시? 수백 년 역사의 고도? 어느 한 쪽도 중국의 전부라고 말할 수 없어요. 이 모든 양극화된 모습이 모두 중국의 진짜 모습이니까요."

정말 그녀의 말처럼 주가각과 같은 상해 외곽으로 나가면 수백 년 전의 중국으로 여행할 수 있었다. 그곳에서는 푸동에서 볼 수 있었던 초고층 빌딩 대신, 4백 년 전 모습을 그대로 간직한 중국 전통 가옥들을 만날 수 있었고, 와이탄의 길게 뻗은 도로를 달리던 최고급 차량 대신 송원(宋元) 시대의 그때 그 방식 그대로 느릿느릿 강을 오가는 뗏목과 그 느린 뗏목을 교통수단 삼아 살고 있는 중국인들을 만날 수 있었다.

"그럼, 혹시, 미셸. 중국 광고인들의 높은 연봉도 이런 중국의 과도기적인 과정 중 하나라고 이해해야 할까요?"

"중국 광고회사 직원들의 연봉이 높다구요?"

"네! 다들 비싼 외제차를 몰고 다니던데요? 간부 직원들은 말할 것도 없이 젊은 직원들까지 모두 말이에요. 저는 사원들까지 외제차를 몰고 출퇴근하는 모습에 정말 충격을 받고 말았어요, 하하하."

아무리 광고회사가 자유로운 분위기라 하더라도, 한국에는 한국 고유의 보수적인 직장 문화가 있다. 그래서 젊은 직원들이 간부 직원들보다 더 비싼 차를 몰고 다니는 것은 쉽게 용인되지 않는다. 심지어 사원들의 자가용 출퇴근을 허

락하지 않는 경우도 적지 않다. 그런데 F사를 처음 방문 했을 때 임원들은 물론이고 이제 갓 들어 온 신입사원들까지도 고급차를 몰고 출퇴근 하는 모습에 나는 적잖이 충격을 받았고, 이는 분명 중국의 광고회사의 높은 연봉 때문일 것이라 추측했던 것이다. 아니면, 중국의 직장 문화가 한국보다 더 개방적이거나.

"아, 웨광쭈 문화를 말씀하시는 거군요?"
"웨광쭈요?"

"네, 중국의 요즘 그런 문화를 우리는 웨광쭈라고 불러요."

그녀가 말한 웨광쭈는 우리말로 표기하면 월광족(月光族)을 의미하는 것이었다. 나는 그 단어를 언젠가 뉴스에서 한 번 본 적이 있었다.

중국의 한 고급차 광고
진흙이 튄 뒷모습조차 한 폭의 수채화로 표현한 미적 감각이 감탄을 자아낸다.

Image Resource :

https://www.adsoftheworld.com/media/print/audi_sprinkling_the_passion_1

"중국 광고회사 직원들의 연봉은 결코 높지 않아요. 주니어들의 월급은 1만 위안이 채 되지 않는 경우가 대부분이죠."

1만 위안이면 당시 환율로 150만 원을 조금 넘는 금액이었다. 아무리 환율 차가 있더라도 도무지 고급차를 몰 수 있는 월급은 아닌 것 같았다.

"이 역시 중국의 과도기적 현상과 상관이 있어요. 중국의 경제 성장 속도는 상상하기 힘든 수준이었어요. 그 과정 속에서 일부 부자들은 유래 없이 큰돈을 벌어들였죠. 그들이 몰고 다니는 슈퍼카들이 그걸 증명해주는데요, 헐리웃 배우들이나 몰고 다닐 수억 원대 차를 몇 십 대씩 갖고 있고, 전용 비행기도 몇 대씩 갖고 있어요. 중국에선 그 정도는 되어야 부자라고 부를 수 있어요. 이게 바로 지금의 중국이에요."

중국의 부의 수준에 대해 듣고 있자니 잠시 정신이 어지러워졌다. 내가 정말 공산국가 중국에 와 있는 것이 맞는지 의심마저 들었다.

"중국의 젊은 세대들은 매일 이런 엄청난 부를 눈앞에서 보며 살고 있어요. 그런데 중국의 평범한 직장인들의 월급은 터무니없이 적죠. 그렇다 보니 젊은 세대들은 저축의 필요성을 못 느끼는 거예요. 이 쥐꼬리 월급을 평생 모아도 부자의 근처에도 못 갈 테니까요.
그래서 차라리 현재를 즐기자는 생각이 팽배해졌어요. 대신, 기회만 주어진다면 사업으로 성공할 생각을 하고 있는 거죠."

그녀의 설명을 들으니, 중국인들의 소비문화에 대해 어느 정도 이해가 되기 시작했다. 동시에 매일 어마어마한 빈부 격차를 느끼며 살아야 할 중국인들에 대해 약간의 동정심 비슷한 감정이 마음속에서 일었다.

PT 준비로 한창 바쁜 미셸을 더 붙잡아둘 순 없었다. 대신, 며칠이 지나 F사 직원들을 몇 주일씩 밤을 새도록 만들었던 경쟁 PT도 마무리 되던 날, 그들의 회식 자리에 다시 초대받을 수 있었다. 며칠간 옆에서 그들의 수고를 함께 나누었던 나를 이들은 친구로 맞아주었다.

"하하하. 그렇게 억지로 다 드실 필요는 없어요. 중국에선 손님이 음식을 남길 때까지 대접하는 게 예의에요."

"아! 그랬군요. 저는 그런 줄도 모르고 제 앞에 있는 음식을 다 먹으려고 애쓰고 있었어요. 하하하하."

중국의 광고인들과 함께 식사를 나누는 자리는 기대 이상이었다. 그들의 인간미 넘치는 따뜻한 정서를 곁에서 느낄 수 있었기 때문이다.

하지만 여기엔 두 가지 장벽이 있었는데, 하나는 손님 접대 문화의 차이였다. 나는 그들이 대접하는 음식을 남김없이 먹으려고 최선을 다했다. 한국 정서에 따르면 그것이 손님으로서 당연한 예의였기 때문이다. 그런데 아무리 노력해도 내 수고는 수포로 돌아가고 말았다. 내가 먹는 속도는 음식이 나오는 속도를 도무지 따라가지 못한 것이다. 이런 상황이 반복되어 이젠 식사에 대한 두려움에 휩싸일 때쯤, 내 난처한 기색을 눈치 챈 미셸이 중국에서의 손님 응대 문화에 대해 내게 설명해주었다. 그녀의 말에 따르면 나와 중국의 광고인들은 서로의 속내도 모른 채 음식을 앞에 두고 서로 밀당을 한 셈이었다. 더 주려는 책임감과 남김없이 먹으려는 의무감 사이에서.

두 번째 장벽은 기획부서와 제작부서의 둘로 나누어진 듯한 분위기였다. 좀 더 직설적으로 말하자면, 중국의 기획과 제작부서는 서로 겸상(兼床)을 하지 않는 것처럼 보였고, 난 이 상황이 무척이나 의아했다.

F사 직원들과 함께한 회식 시간 – 음식을 남길 때까지 대접하는 중국의 문화에 나는 결코 두 손을 들 수밖에 없었다.

"그런데, 미셸. 원래 중국에선 기획팀과 제작팀이 그렇게 따로 앉아 식사를 하나요?"

"기획팀과 제작팀이 따로 식사를 했다구요?"

"네, 그랬어요!"

회식이 끝나고 상해 젊은이들이 주로 모이는 신천지를 걸으며 나는 좀 전에 있었던 식사의 상황을 미셸에게 상기시켜 주었다. 나는 F사 대표와 기획부서가 앉은 자리에서 함께 앉았고, 제작부서는 뒤늦게 합석해 옆 테이블에 자리를 잡았다.

그런데 한눈에 봐도 우리 테이블에 나오는 요리와 제작부서의 테이블에 나오는 식사의 수준은 확연히 달랐다. 그뿐 아니라 우리 자리에는 끝없이 제공되던 중국 전통주도 제작팀의 테이블엔 일절 제공되지 않았다. 회식 말미에 전체 건배를 위해 딱 한 번 주어질 뿐이었다. 너무나 따뜻하고 유쾌한 중국 광고인들과의 식사 자리였지만, 어딘지 모르게 둘로 나뉜 분위기 속에서 나는 외국인으로서 어찌해야 할지 몰라 약간은 난처할 수밖에 없었다.

"아, 그때 말씀이군요. 항상 그렇게 따로 식사를 하는 건 아니에요. 아까는 손님을 위해 특별히 따로 테이블을 마련한 것뿐이에요."

"네, 저도 그렇게 생각하려고 했어요. 그런데, 어딘지 모르게 두 부서 간에 상하관계 같은 분위기가 느껴졌어요……."

"음, 상하관계까진 아니지만, 중국의 광고회사에선 기획부서가 제작부서보다 좀 더 중요하게 취급받는 건 사실이에요.

중국에선 아직 광고 제작 능력보다 영업 능력을 우선시하는 경향이 있거든요. 미스터 킴도 '꽌시'라는 말을 들어보았을 거예요."

'꽌시(关系)'란 우리말로 번역하면 '관계'라는 뜻인데, 비즈니스에 있어 유대관계를 우선시하는 중국의 정서를 일컫는 말이었다. 당시 꽌시에 대해 한국인들이 내려놓은 정의를 수없이 들어보긴 했지만 중국인이 이해하는 그 정확한 의미는 알지 못했기에 미셸의 입에서 그 단어를 처음 듣게 되었을 때 나는 귀가 쫑긋해질 수밖에 없었다.

"꽌시라고 하면 외국인들은 보통 불법 로비를 먼저 떠올리는데, 꽌시가 원래 그렇게 부정적인 뜻은 결코 아니에요. 중국 사회는 전통적으로 인간적 유대관계를 중요하게 생각해요.
그래서 비즈니스가 성립되기 전에 먼저 친구가 되는 것을 중요하게 생각하죠. 즉, 실리(失利)보다 신뢰(信賴)를 더 중요하게 생각하는 것이 꽌시에요. 중국에선 한 번 꽌시의 범위 안에 들어온 사람들은 서로에게 어떤 어려움이 있어도 그 문제를 해결해줘요. 마치 형제처럼요. 그래서 중국 비즈니스에선 꽌시가 중요한 거예요."

미셸의 설명에 따르면, 꽌시는 중국에만 존재하는 독특한 문화라기보다는 전통적 사고방식을 중요시하는 한국을 포함한 아시아의 보편적인 정서처럼 느껴졌다.

"그런데 이 꽌시 문화를 잘못 이해한 일부 외국인들이 성급하게 비즈니스를 성사시키기 위해서 공무원들에게 뇌물을 주는 등 편법을 쓰다 보니, 꽌시라고 하면 불법 로비라는 편견이 생겨버렸어요. 하지만 꽌시의 원래 의미는 형제 같은 신뢰 관계를 의미하는 거예요."

AD

중국에서 낯선 사람들이 친구 관계를 맺는 것이 가능할까?
중국에서 이 캠페인은 그런 이슈에서 시작했다. 이 캠페인은 처음 만나는 사람들에게 누구보다 가까운 모습으로 사진을 찍을 것을 제안했다. 그들의 어색함을 해소할 매개체는 콜라 한 병이 전부, 그럼에도 중국 사람들은 기꺼이 마음을 열어 세상에서 가장 친한 모습의 친구가 되어주었고 '누구나 친구가 되기 전에 모두 낯선 사람들이었다.'는 메시지로 이 캠페인은 마무리된다.

Image Resource : https://www.adsoftheworld.com/media/film/cocacola_friendship_experiment

"그러면 그 꽌시가 아까의 분위기와 어떤 관계가 있는 거죠?"

"중국의 광고 문화는 아직 서구 사회만큼 발달하지는 않았어요. 그 본격적인 역사도 짧구요. 그렇다 보니 중국에서의 광고 계약들은 아직은 꽌시에 의해 체결되고 있어요. 기획부서가 꽌시에 따라 실질적 계약을 성사시키면 광고 제작물은 사후 보고의 형태로 브리핑만 하는 거죠.
순수하게 광고 제작물로만 계약을 성사시키는 방식은 아직은 중국에선 낯선 풍경이에요. 그러니까 중국에서 기획부서가 제작부서보다 조금 더 중요하게 대접받는 건 어쩌면 당연한 일이에요."

한국 광고회사에서의 기획팀과 제작팀의 관계는 매우 평등하다. 아니, 오히려 제작팀의 중요도를 더 높이 평가해서 기획부서가 제작부서를 우대하는 경우가 대부분이다. 그만큼 광고회사의 경쟁력은 제작팀의 역량에 달려 있다고 보는 것이다.
그런데 미셸의 설명에 따르면 중국 광고회사의 상황은 정반대였다. 광고 계약의 결정적 역할은 기획부서에서 갖고 있고, 제작부서는 거의 부수적인 역할만 하게 된다는 것이다. 그리고 그 배경에는 인간적 유대관계를 우선시하는 중국의 특별한 정서가 자리하고 있었다.

"그러면 순수하게 경쟁 PT만으로 새로운 광고주를 영입하는 일은 중국에선 어려운 일이겠네요. 특히 외국 광고회사들에게는 말이에요."

"네, 아직은 경쟁 PT가 형식적으로만 이루어지고 있는 경우가 부지기수에요. 특히, 외국 광고사가 경쟁 PT만을 통해 중국 광고주를 수주하는 일은 무척 힘들어요. 중국 기업들은 정서가 비슷하고 유대관계가 있는 중국 기업들과만 계약하려 하니까요.

AD

F사에서 제작한 한 택배 광고
누구보다 빠른 길을 잘 알고 있는 택배 직원이 특공대원들에게 길을 안내하고 있다.

Image Resource :

https://www.adsoftheworld.com/media/print/jie_yun_express_navigator

하지만 이런 꽌시 문화 역시 지금까지의 이야기랍니다. 이제는 중국의 광고 산업도 많이 변화하고 있어요.

점점 크리에이티브의 중요성을 높이 평가해서 경쟁 PT를 통해 계약하는 사례도 늘어나고 있고, 칸느와 같은 해외 광고제에 출품도 많이 하고 있어요. 최근엔 실제로 해외 광고제에서 수상하는 일도 많이 늘고 있구요.

게다가 중국의 광고 시장은 이제 막 커져가고 있는 단계예요. 그 안에 어마어마한 성장 가능성을 내포하고 있죠. 아시다시피 중국에는 지상파 채널만 3천 개가 넘어요.

그리고 무엇보다 중국에는 10억이 넘는 시청자와 소비자가 있잖아요. 외국인은 쉽게 상상 못할 어마어마한 시장이죠."

중국 광고 시장의 규모는 그녀의 말처럼 상상 이상이었다.

당시 F사가 수주하려는 광고주의 연간 예산은 우리 돈으로 100억 원 규모였는데, 이 예산이면 한국에선 일 년 내내 TV 광고를 틀고도 남을 금액이었다. 하지만 중국에서 이 정도 예산으로는 중국 전체는커녕 상해 지역에만 TV 광고를 틀기에도 빠듯했다.

결국 효율적인 예산 집행을 위해 F사는 TV 광고보다는 옥외광고에 집중하는 방향으로 광고제안서를 조정했고, - 중국은 TV광고보다 옥외광고가 크게 발달해 있었는데, 어마어마한 인구에 골고루 노출시키기 위해서는 단가가 높은 TV보다 접촉률이 좋은 옥외광고가 더 효율적이었기 때문이다. - 이 일은 시간이 지난 지금까지도 내겐 충격적 기억으로 남아있다. 그만큼 국토의 규모도 인구도 우리의 상상을 초월하는 것이 바로 중국이었다.

"그리고 특히 최근엔 온라인 광고와 모바일 광고가 급속도로 성장 중이에요.

10억에 달하는 인구를 연결시킬 수 있는 인터넷과 SNS가 중국에서 가장 빠른 속도로 성장하고 있는 것은 어쩌면 당연한 일이죠.

중국 한 전자회사의 광고
— 중국의 과거를 알아야 미래를 설계할 수 있다는 메시지를 표현하고 있다.

이런 배경 속에서 지금 중국의 디지털 광고는 세계에서 유래를 찾아볼 수 없을 정도로 큰 규모로 성장 중이에요.

어쩌면 지금까지와 같은 TV광고, 아날로그 광고 시대에선 중국이 다소 뒤처졌을지 모르지만, 앞으로 인터넷과 모바일 광고 중심의 세계에선 중국이 세계를 이끌 광고 선진국으로 성장할지도 몰라요."

*
* *

내가 중국을 방문한 약 열흘의 시간 동안, 미셸은 내게 중국에 대해, 그리고 중국의 광고 세계에 대해 수많은 이야기를 해주었다. 그런데 그 수많은 이야기에도 불구하고 중국은 아직 내가 미처 알지도, 헤아리지도 못할 수많은 미스터리로 가득한 공간처럼 느껴졌다.

나아가 중국이 앞으로 맞이할 새로운 광고 세계의 규모는 내 상상 저 너머에 있는 것처럼 느껴졌다.

아직은 중국의 광고가 그 양적인 성장에서만 세계의 주목을 받고 있지만, 만일 중국인들의 예술적 감각이 광고에 접목되어 질적으로도 비약적 발전을 이루

Image Resource :

https://www.adsoftheworld.com/media/print/general_electric_todays_future

어낸다면, 어쩌면 내가 담아내고 싶은 다음 세대의 광고, 사람들의 마음을 치유
해내는 광고는 중국에서 발견하게 될지도 모를 일이었다.

\# 광고계 은어들

광고 촬영은 수억 원대의 돈이 들어가는 어마어마한 작업이다.
그래서 촬영에 앞서 어떤 콘셉트, 어떤 스토리라인으로 촬영할 것인지
클라이언트에게 설명하기 위해 시안을 제시하는데,
상황에 따라 시안을 제시하는 몇 가지 방법이 있다.

우선 콘티다.
가장 일반적인 방법으로, 각 장면의 핵심 컷을 연필이나 펜으로 그려
스토리보드에 담아 보여주는 방식이다.
대체로 콘티맨으로 불리는 프리랜서 작화가를 불러 그리게 되는데
콘티맨의 성향에 따라 그림체가 달라지기 때문에
해당 광고 시안에 어울리는 콘티맨을 부르는 것이 관건이다.

두 번째는 맥콘티다.
콘티보다는 좀 더 명확한 이미지가 필요할 때 작업하는 방식으로
매킨토시 등을 이용한 사진 합성과 리터칭 작업을 거친다.

세 번째, 애니매틱 (또는 시안 편집)이다.
콘티를 영상화한 단계라고 보면 된다.
기존의 사진 자료나 다른 영상 자료를 편집해서 하나의 이미지로 구현한
형식이다.
단순한 콘티보다 시안에 대한 이해도는 훨씬 높아지지만,
적절한 영상 자료 등을 찾지 못한다면
오히려 품질이 떨어지거나 오해를 불러일으킬 수 있다는 단점이 있다.

마지막으로 혼방.

아예 촬영을 하는 방법이다. 이 방법은 돈이 많이 들어가는 작업으로
매우 중요한 경쟁 PT에서만 드물게 볼 수 있다(혼방은 '진짜'라는 의미를 담고 있
는 일본어이다).

용어에 대한 이야기가 나온 김에 광고계에서 흔히 쓰는 은어들을 조금 더 소개
해본다.

- 오사마리 : '정리하다'는 의미로, 대개 경쟁 PT 말미에 기획서를 누가 모아서 정
  리할 것인가를 결정할 때 사용한다.
- 아까지 : '적자'라는 뜻으로, 광고 제작비 등에서 적자가 날 때 '아까지났다'라
  고 표현한다.
- 멀멀하다 : '엣지가 없이 밋밋하다'라는 뜻으로 광고 콘셉트나 시안이 날카롭지
  않을 때 이 말로 대신한다.
- 짜치다 : '고급스럽지 않다'
- 헹께이 : '변형'이라는 뜻의 일본어로 콘티 등에서 이미지를 늘여야 할 때 쓴다.
- 데꼬보꼬 : 요철을 뜻하는 일본어로, 각 시안 별로 차별점을 두자는 의미에서
  사용한다.
- 다께 : 미디어 플랜을 세울 때, 여러 프로그램을 패키지로 판매하는 방식을 다
  께 판매라고 이야기한다.
- 준꼬 : '정오'라는 뜻의 변형된 일본어로, 촬영 현장에서 해가 가운데 뜨면 빛깔
  이 좋지 않기 때문에 준꼬는 피해야 한다는 의미에서 사용한다.

대부분이 일본어 표현이라 듣기에 다소 불편할 수는 있으나
광고 현업에선 아이러니하게도, 이런 은어들을 많이 쓸수록
경험 있는 광고인으로 보는 경향이 있으니
신입 광고인일수록 미리 알아두는 것도 도움이 된다.

I left Madison Avenue.

4부

아프리카의 광고에서 배우다

나는 매디슨 애비뉴를 떠났다

광고와 이상

"내가 그의 이름을 불러주었을 때

그는 나에게로 와서 '코끼리'가 되었다."

아프리카를 여행하기 위해 South African Airways 항공기에 오르면, 도착하기도 전에 벌써 아프리카 대자연의 분위기를 물씬 느끼게 만들어주는 광고 한 편을 만날 수 있다.

바로 기내 잡지 맨 뒷면— 광고 용어로는 맨 뒷면을 표4라고 부른다. 표1은 잡지의 맨 앞 겉표지, 표2는 표1면의 안쪽 페이지, 표3은 표4의 안쪽 면을 말한다. 신입사원으로 광고회사에 처음 입사했을 때 이런 내용을 제대로 숙지하지 못해 선배들에게 크게 혼이 나곤 했었다 —을 가득 채우고 있는 아마룰라(Amarula) 광고다.

아마룰라는 아프리카를 대표하는 술의 하나로, 아프리카 열대 과일인 마룰라(marula) 나무 열매로 만들어 달콤하고도 크리미한 맛을 내는 게 특징이다. 하지만 아마룰라가 내게 특별했던 것은 그 캐러멜 같은 환상적인 맛 때문은 아니었다.

오히려 이 브랜드가 진행하고 있는 특별한 캠페인 때문이었다.

INTRODUCING OUR
NEW BOTTLE
SHAPED BY AFRICA
AMARULA
— CREAM —
A MARULA FRUIT
MADE
FROM
AFRICA
Drink responsibly.

현재 아프리카에 남아 있는 코끼리의 개체 수는 40만 마리 정도뿐이란다. 게다가 이마저도 15분당 한 마리씩 죽고 있어, 2030년이면 모든 아프리카 코끼리들이 멸종하고 말 것이라는 보고가 있다.

이렇게 잔인한 속도로 아프리카 코끼리들을 위협하고 있는 존재는 다름 아닌 사람들인데, 코끼리의 상아를 노린 불법 포획이 코끼리들을 빠른 속도로 지구상에서 사라지게 하고 있는 것이었다.

아마룰라는 그 레이블에 커다란 아프리카 코끼리를 대표적인 상징 이미지로 사용할 만큼 브랜드 스토리에 있어서 아프리카 코끼리와 깊은 연관을 맺고 있었다. 이런 아마룰라가 아프리카 코끼리의 멸종 문제에 무관심할 수가 없었다. 그래서 시작한 것이 바로 "Name Them, Save Them" 캠페인이었다.

이 캠페인의 아이디어는 매우 독특해서, 사람들로 하여금 40만 마리 아프리카 코끼리들에게 이름을 지어주도록 하자는 것이었다. 그런데 코끼리에게 이름을 지어주는 것이 뭐가 그리 특별한 일일까?

"코끼리에게 한 번 이름을 지어주면, 그들도 우리와 마찬가지로 감정과 성격을 갖고 있는 하나의 인격체라는 것을 알게 될 것입니다. 그러면 더 이상 사람들은 코끼리를 사냥의 대상으로 보지 않게 될 것입니다."

이것이 이 캠페인을 기획한 사람들의 아이디어의 출발점이었다.

그런 캠페인 아이디어를 처음 들었을 때, 나는 김춘수의 시 「꽃」이 문득 떠올랐다.

지구의 반대편에 살고 있는 사람들이었지만, 이름이 갖는 존재적 의미를 이해하는 정서에서만큼은 우리와 아프리카가 매우 닮아 있는 것 같았다. 만일 이 캠페인을 내가 맡아 진행했다면 '내가 그의 이름을 불러주었을 때 그는 나에게로 와서 코끼리가 되었다'와 같은 헤드 카피를 붙였을 것만 같았다.

AMARULA "Name Them Save Them" 캠페인 영상 중

Image Resource : https://www.adsoftheworld.com/media/digital/amarula_namethemsavethem

이 캠페인은 실행 방법도 매우 간단해서, 사람들이 캠페인 웹사이트에 들어가 자기만의 코끼리를 정해 그들에게 고유의 이름을 지어주고 소셜미디어를 통해 그것을 다른 사람들과 공유하면, 그때마다 아마룰라가 Wild Life Direct 단체에 1달러씩 기부하는 방식이었다. 그런데 이렇게 단순한 아이디어에서 출발한 캠페인의 효과는 매우 대단했다.

2백만 명 이상이 해당 사이트를 방문했고, 그 중 50만 명이 – 그러니까 실제 살아있는 아프리카 코끼리 수보다 더 많은 사람들이 – 코끼리들에게 이름을 지어주고 소셜미디어를 통해 공유했다. 그리고 이것은 곧 코끼리를 추적하고 돌보는 데 필요한 비용(한 마리당 2만5천 달러)을 마련하는 데 핵심적인 역할로 이어지게 되었다.

그런데 또 놀라운 사실은 이 캠페인이 단순히 코끼리를 보호하는 문제에서만 효과를 거둔 것이 아니었다는 점이다. 이 캠페인은 아마룰라의 판매 성장에도 큰 도움을 주어서, 미국에서만 136%의 판매 성장을 이루었다. 사회적으로 훌륭한 캠페인이 기업의 매출 성장과 세일즈에 있어서도 훌륭한 성과를 보인다는 것을 증명해 보인 훌륭한 사례가 된 것이다.

아마룰라는 이 성공적인 캠페인에 힘입어 2차 캠페인을 준비 중이었고, 그 2차 캠페인에선 새로 이름을 얻은 코끼리들의 이름과 모양을 따라서 각 병의 브랜딩을 하는 작업을 기획 중이었다.

나는 이 놀라운 캠페인을 기획한 아마룰라의 광고대행사인 F사의 광고기획자를 방문해보고 싶었고, 수소문 끝에 F사에서 캠페인 플래너로 일하고 있는 십여 년 경력의 여성 광고 기획자 모가니 나이두(Mogani Niadoo)를 소개받을 수 있었다. 그리고 나는 지금 그녀를 만나러 가는 중이었다.

그런데 여기에는 몇 가지 문제가 있었다.

남아프리카에서 광고회사를 찾아간다는 것이 생각보다 결코 낭만적인 일만은 아니었던 것이다.

여기엔 크게 두 가지 이유가 있었는데, 첫 번째는 요하네스버그의의 엄청난 크기였다. 거대한 대륙 아프리카의 광고 흐름을 이해하기 위해 딱 한 도시만을 골라야 한다면, 남아프리카공화국의 요하네스버그를 방문해야 했다. 남아프리카공화국은 아프리카 대륙 전체에서 경제적으로 가장 발전한 나라에 속했으며, 이 때문에 아프리카에 진출한 많은 글로벌 기업들이 남아프리카에 지사를 두고 있다. 그 중에서도 요하네스버그는 남아프리카의 최대의 도시이자 아프리카에서 가장 번영한 상공업 도시로 남아프리카의 대표적 광고회사들이 대부분 이 도시에 모여 있었다.

이 도시의 면적은 약 1,600㎢로, 서울을 세 개나 합한 크기에 육박했다. 미국이나 터키나 중국에서처럼 도심을 걸어 광고회사를 찾아간다는 것은 상상조차 할 수 없는 일이었으며, 어디를 가든 미리 주소를 확인해서 몇 시간 열심히 차를 달려야만 원하는 곳에 도착할 수 있었다.

그런데 이보다 더 힘든 문제가 바로 세계적으로 악명 높은 요하네스버그의 치안 문제였다. 어떤 통계에 따르면 요하네스버그는 세계에서 가장 위험한 도시 5위에 랭크될 정도로 치안이 불안정한 상태였는데, 내가 방문할 당시만 해도 살인 사건 범죄 발생률이 우리나라의 46배에 육박했다.

이런 높은 범죄율은 세계에서 가장 안전한 나라 1,2위를 다투는 대한민국 출신의 여행자에겐 결코 익숙한 조건이 아니었기에, 나로서는 출발 전부터 어떻게 대처하고 준비해야 할지 몹시 긴장할 수밖에 없었다.

다행히 한국을 떠나기 전 요하네스버그에서 태어나 고등학교까지 졸업한 후배를 통해 남아프리카를 여행할 때 꼭 조심해야 할 몇 가지 수칙을 미리 얻어들을 수 있었다. 아이러니하게도 이 수칙들은 나를 안심시키기보다는 더욱 혼란스럽고 불안하게 만들었다.

그가 알려준 수칙들은 아래와 같았다.

AD

남아프리카의 음주 운전 예방 캠페인
위는 "오늘 누가 당신을 집에 데려다 줄까?"라는 메시지를, 아래는 "그들(수감자들)이 너를 만나고 싶어한다."라는
메시지를 담고 있다. 공익 광고에서조차 남아프리키의 살벌한 분위기를 느낄 수 있었다.

Image Resource :

https://www.adsoftheworld.com/media/print/brandhouse_drive_dry_lets_date_5

1. 어디를 가든 항상 차를 타고 다닐 것!

- 차에서 내려 거리를 걷는다는 것은 '나는 오늘 강도를 당할 준비가 되어있다'고 공표하는 것과 같다. 아주 가까운 거리라도 반드시 차를 이용하고, 차를 이용한 강도들도 있으니 서행하거나 정차할 때 다른 차가 가까이 붙으면 유의할 것.

2. 현지 가이드, 가급적이면 흑인 가이드와 반드시 동행할 것!

- 남아공은 절대 다수의 흑인과 소수의 백인으로 구성되어 있다. 그 속에서 아시아인은 그 자체로 범죄의 표적이 될 수 있으니 가급적 흑인 가이드를 구해서 동행할 것.

3. 가이드가 허락하지 않은 지역은 절대 방문하지 말 것!

- 요하네스버그는 특정 지역을 제외하곤 많은 지역이 빈민가이거나 우범지역이다. 가이드가 허락하지 않는 지역을 관광책자만 믿고 찾아가는 어리석은 호기심을 발동하지 말 것.

4. 자동차에 귀중품을 놔두고 내리지 말 것!

- 만일 가방을 두고 내린다면 운전석 아래 보이지 않는 곳에 둘 것.

5. 식당에서 가방은 반드시 무릎 위나 앉은 자리 앞쪽 아래에 둘 것!

- 한국에서처럼 가방을 의자 뒤에 걸거나 테이블에 핸드폰을 두는 행위 역시 '내 물건을 가져가도 좋다'는 싸인과 같다.

6. 경찰을 조심할 것!

- 경찰은 결코 안전하지 않다. 경찰이 무언가 행동을 요구를 할 때에 그들과 절대 시비를 다투지 말 것. 돈을 요구하는 경찰이 많으므로, 미리 경찰에게 줄 돈을 준비해두어 지갑에 든 돈을 몽땅 뺏기는 일이 없도록 주의할 것.

특히 여섯 번째 수칙이 가장 받아들이기 힘들었는데, 경찰을 믿지 못한다면 남아공에선 도대체 누구를 믿어야 한단 말인가!

사를 둘러 보호하고 있는 높은 펜스

　아프리카까지 24시간 이상을 날아가야 하는 비행기 안에서 이런 낯선 수칙들을 되뇌고 있노라니, 긴장은 배가되어 막상 요하네스버그에 도착했을 땐 피곤 때문에 다리가 떨리는 것인지 긴장 때문에 다리가 떨리는 것인지조차 알 수 없었다.

　'어떻게 이토록 불안한 나라에 어떻게 광고가 있을 수 있을까 ……
　누구를 대상으로 한 광고이며, 누가 주체인 광고인 것일까 ……
　설마 광고회사도 위험한 빈민가 사이에 자리하고 있는 것은 아닐까 …….'

　서구 중심의 세계로부터 소외된 세상의 광고회사를 만나보기로 결심한 그날부터 이미 마음속에 품어온 아프리카였지만, 막상 마주하게 된 아프리카의 현실 앞에서 내 마음은 심하게 요동치고 있었다.

　수만 가지 생각을 머릿속에 담은 채 여러 시간 차를 달려 도착한 그곳엔 아프리카의 광고회사임을 한번에 느낄 수 있는 커다란 코끼리 동상과 함께 F사의 정문이 떡하니 서 있었다. 그런데 그렇게 어렵사리 도착한 남아공 광고회사의 겉모습은 내 예상과는 조금 달랐다. 우선 다른 나라의 광고회사들처럼 사람들이 많이 지나다니는 도심 한 가운데에서 번듯한 건물 안에 입점해 있는 모습이 아니었다. 구글 지도가 안내한 목적지에는 고속도로 옆으로 높은 펜스가 둘러쳐진 큰 규모의 공장부지 같은 대규모 단지가 있었다.

　펜스 가운데 위치한 정문으로 차를 몰고 가자 몇 명의 보안 직원이 나와 신원을 확인했다. 신원 확인이 끝나자 마치 우리나라의 주차 확인증처럼 보이는 확인증을 준 다음 비로소 바리케이드를 열어주었는데, 이 확인증에 만나기로 한 담당자의 싸인을 받아와야만 다시 밖으로 나갈 수 있었다. 이 확인증은 방문자가 다른 목적이 아닌 미팅 목적으로 방문한 것임을 재확인하는 절차였다. 그만

방문자를 확인하는 주차 확인증

리조트의 분위기를 풍기는 남아프리카의 광고회사

큰 이 거대한 펜스 안으로 들어가는 절차는 까다롭고 철저하게 느껴졌다. 마치 무슨 국가 기밀 시설에라도 들어가는 것처럼……. 아무튼 이 모든 까다로운 절차가 끝나고 나서야 나는 이 차가운 회색 빛 펜스 안으로 들어갈 수 있었다. 그런데 놀랍게도 펜스 안에는 밖에서 보던 것과는 또 다른 세상이 펼쳐져 있었다. 그 안은 F사 외에도 여러 회사들이 모여 하나의 타운을 구성하고 있었는데, 그 분위기가 너무나 편안하고 평화로워 마치 대형 리조트에 도착한 것 같은 기분마저 들게 했다. 밖에서 줄곧 느껴야 했던 범죄의 위험이나 긴장된 분위기로부터 내부는 완전히 자유로운 것 같았다. 회사들이 모여 있는 타운 속에서 다시 F사를 찾기 위해 야외 주차장에 차를 대고 몇 블록을 걸어야 했는데, 아프리카에서 처음으로 마음 놓고 야외를 걷고 있다는 사실을 뒤늦게야 깨닫게 되었다.

'아, 요하네스버그에도 이렇게 안전한 공간이 있구나 …….'

펜스 밖과는 달리 모던하고 세련된 분위기의 남아프리카의 광고회사 내부

내가 지나온 저 높은 펜스는 치안이 불안한 외부로부터 내부를 구분 짓는 중요한 경계 시설처럼 느껴졌다.

"모가니를 만나러 왔습니다."

마침내 찾아 들어가게 된 F사의 입구에서는 세련된 분위기와 세련된 외모를 갖춘 데스크 직원들이 밝은 표정으로 나를 맞아주었다.

각종 미디어를 통해서 전통 복장의 아프리카 사람들만 봐오던 나는 매우 현대적인 회사 분위기와 현대적인 광고회사 직원들의 모습에 다신 한 번 놀라고 말았다.

이것은 펜스 밖의 다른 요하네스버그 사람들과도 전혀 다른 모습이었다. 단 몇 시간 사이에 전혀 다른 세상으로 들어온 것만 같은 기분이었다.

"아, 모칵을 만나러 오셨다구요?

"아니요, 모가니요 ……. 플래닝 부서의 모가니를 만나러 왔습니다."

　재미있는 건 이들의 발음이었다. 남아공 사람들은 대부분 영어에 유창했는데, 다만 이들의 발성 위치가 우리나라 사람들이나 유럽 사람들과는 전혀 달라익숙해지는 데 꽤 오랜 시간이 걸렸다. 게다가 남아공에는 11개의 부족 언어가존재했는데, 그 각각의 억양이 영어를 사용할 때에도 사투리처럼 섞여 있어 처음 이들의 영어를 들으면 영어가 아닌 전혀 다른 언어처럼 들리곤 했다. 특히 코사족은 클릭 사운드라고 불리는 독특한 '똑!' 소리를 사용했는데, 한참 이야기를나누던 도중 그 소리를 듣게 되면 '내가 방금 무슨 소리를 들은 거지?' 하는 생각에 앞뒤 맥락을 모두 잊어버리곤 했다. 물론 그들 역시 한국어 억양이 섞여 있는 내 영어를 이해하는 데 어려움을 겪었다.

나는 결국 종이를 빌려 모가니의 영어 스펠링을 적어 주었고, 스펠링으로 정확한 이름을 확인한 데스크 직원은 친절하게 나를 모가니의 자리까지 안내해 주었다.

"오! 당신이 미스터 킴이군요! 반가워요. 이렇게 먼 곳까지 오시느라 정말 고생 많았 겠어요."

그녀의 따뜻한 인사를 듣자 비로소 마음이 녹는 기분이 들었다. '네, 정말 힘 들었어요. 정말 긴장했었거든요.' 그렇게 말하고 싶은 기분이 불쑥 솟았지만, 도 리어 창피해질 것 같아 그렇게 하진 않았다.

"아니에요. 너무 멋진 여행이었어요!"

F사의 캠페인 플래너인 모가니 나이두는 전형적인 커리어 우먼의 분위기를 풍기는 아프리카의 여성 광고인이었다. 그녀 역시 내 선입견 속 전통적인 아프 리카 사람의 이미지는 전혀 갖고 있지 않았는데, 특히 그녀의 영어 발음이 여느 아프리카 사람들과는 완전히 달랐다.

"그런데 전혀 아프리카 억양을 쓰지 않으시네요?"

"아, 그래요? 하하, 고마워요. 사실 전 더반(Durban) 출신이거든요."

더반은 남아프리카의 동쪽에 위치한 거대 항구도시로, 온화한 날씨와 아름다 운 해변 때문에 많은 사람들이 휴가를 보내기 위해 찾는 곳이기도 했다.

F사의 캠페인 플래너 모가니 나이두
– 그녀는 내가 상상한 아프리카 여성의 이미지와는 너무나 달랐다.

"그래서 처음 요하네스버그에 왔을 때는 더반 사투리가 심했어요. 같은 더반 사람들끼리는 그 억양을 금방 알아듣기 때문에 '쟤는 발음이 왜 저래?'라고 서로 흉보기도 했었죠. 하하하. 그런데, 광고회사에서 일하려다 보니 사투리를 고치지 않을 수 없었죠. 그래서 많이 노력했고, 이제는 거의 더반 억양이 남아 있진 않아요. 하지만 고향 사람들 만나면 여전히 더반 사투리로 얘기한답니다, 하하하."

"그럼, 계속 광고회사에서 근무하신 건가요? 경력이 이제 17년 정도 되신다고 들었어요."

"아니에요. 저는 경력이 좀 복잡해요. 원래는 패션 관련 일을 하고 싶었어요. 어릴 적부터 패션에 관심이 많았었거든요."

다시 한 번 그녀의 옷차림을 눈여겨보게 되었다. 아프리카의 광고인들이 전반적으로 세련된 감각을 갖고 있었지만, 특히 그녀가 모던하면서도 프로페셔널한 분위기를 연출하고 있었던 건 타고난 패션 감각 때문인 것 같았다.

"그런데 부모님이 바느질하는 일을 싫어하셨어요. 바느질하는 일은 고생스럽다고 생각하신 거죠. 그때의 부모님들은 다 그렇잖아요…….
그래서 결국 부모님의 뜻에 따라 졸업 후 은행에 취직했어요. 헌데 제 적성에 맞지 않더군요. 그래서 2년 정도 일하다 그만두었어요.
그리고 마이닝 회사에 들어가게 되었는데 꽤나 적성에 맞았어요. 마치 수많은 데이터들 속에 숨어 있는 사람들의 생각을 찾아내는 것 같았으니까. 그렇게 일하던 중에 광고회사에서 스카우트 요청이 온 거에요. 광고회사로 옮기더라도 비슷한 일을 하게 되겠지만, 제 영향력이 조금 더 커질 것 같았어요. 그래서 그때 이직한 후 지금까지 광고회사에서 일하고 있어요.
그게 벌써 13년 전이니……. 휴, 벌써 시간이 이렇게나 흘렀네요. 하하하."

"그럼, 광고회사 경력이 가장 긴 셈이네요. 그럴만한 이유가 있었나요? 패션이라는 꿈도 포기할 만큼 오랫동안 지속할 만한 이유 같은 거요."

"재미있었어요. 물론 광고는 엔터테인먼트적인 요소도 많죠. 흥미로운 아이디어를 내고, 멋진 모델들과 촬영도 하고. 하지만 이런 것들 때문에 광고가 재미있었다고 말하는 건 아니에요."

"맞아요. 모두들 광고하면 그런 것들만 생각하지 그 뒤에 숨어 있는 힘든 일들은 잘 모르죠. 그리고 그런 착각 때문에 광고계에 뛰어들었다 실망해서 떠나는 사람도 많구요."

"네, 그러니까요! 저는 오히려 광고가 브랜드에 힘을 실어주고, 브랜드에 생명을 주는 일이라 재미있었어요."

"광고가 브랜드에 생명을 주는 일이라 재미있었다고요?"

광고에 대한 그녀의 생각을 듣는 순간 예상 못한 답변에 내 자신이 잠시 멍해짐을 느꼈다.

"네, 맞아요! 물론, 과거엔 광고가 그저 물건을 팔기 위한 수단이었죠. 즉흥적이었고 즉각적이었잖아요. 잠깐 관심을 끌고 판매 실적만 올리면 그만이었고.
하지만 지금은 그렇지 않아요. 이제는 브랜드 자체가 생명을 가져야 해요. 생명을 가진다는 것은 그 안에 특별한 가치를 갖고 있다는 것이고, 그 가치는 사회에 기여하는 바가 있기 마련이에요.
그리고 그 기여는 결국 사람들의 행동을 바꾸죠. 이것이 나아가 사람들의 삶을 바꾸는 거구요. 그 역할을 하는 게 바로 광고라고 생각해요."

NIVEA DOLL 캠페인 영상 중(TV CF)

Image Resource :

https://www.youtube.com/watch?v=StvAe98BfwY

"마치, 아마룰라 캠페인의 케이스처럼 말이군요 ……."

"네, 맞아요! 아마룰라 캠페인을 아시는군요?"

"하하, 이젠 인터넷 때문에 지구 반대편에서도 다른 나라의 캠페인을 알 수가 있어요. 정말 멋진 세상이죠."

"그러게요, 하하하. 아마룰라 캠페인에서도 우리는 제품을 사달라는 이야기를 하지 않았어요. 그저 브랜드가 해야 할 가치 있는 일을 했을 뿐이죠.
그런데 이것이 사람들의 행동을 바꾸어놓았어요. 그리고 놀랍게도 제품의 판매량까지 높아졌죠.
그런 예는 얼마든지 더 있어요. 예를 들면, 인형을 이용한 니베아의 선 블록 크림 광고 같은 경우에요."

니베아 선 블록 크림 광고는 어댑테이션(adaptation) 광고 사례였다. 어댑테이션 광고란 글로벌 클라이언트가 하나의 광고를 만들어 세계 여러 나라에 같은 광고를 집행하는 방식을 말한다.
남아프리카에서는 자체 제작한 광고도 많았지만, 유럽이나 호주의 글로벌 광고를 어댑테이션 방식으로 진행하는 경우도 적지 않았다. 아프리카에서 새로운 사업 기회를 발견한 글로벌 브랜드가 남아공으로 진출하는 사례가 많았기 때문이다.

"세계 어디서나 아이들은 선크림을 바르는 걸 싫어하죠. 저도 11살 된 아들이 있는데, 바다에서 노는 건 좋아하지만 선크림 바르는 건 싫어해요. 끈적이고 미끈거리고 또 바르는 동안 놀지 못하니까요.

하지만 피부를 보호하려면 선크림은 필수잖아요. 그래서 이 문제를 해결하기 위해 만든 게 니베아의 '선크림 인형 캠페인'이에요.

이 캠페인에서는 자외선에 반응하는 소재로 만들어진 인형을 만들었죠. 이 인형의 피부는 햇볕에 노출되면 발갛게 변해요. 정말 아이들의 피부처럼요.

캠페인에서는 이 인형들을 해변에서 노는 아이들에게 나누어 주었어요. 그리고는 아이들에게 한 인형에겐 선크림을 발라주도록 했고, 다른 인형에겐 바르지 않은 채로 그냥 두게 했죠.

그런데 시간이 지나자, 선크림을 바르지 않은 인형의 피부만 발갛게 변한 것을 아이들이 보게 된 거에요. 그러자 아이들은 발갛게 변한 인형에게 스스로 선크림을 발라주었어요. 인형을 갖고 놀면서 선크림의 중요성을 알게 된 거죠.

이 캠페인에도 우리 제품을 사라는 메시지는 전혀 없어요. 그렇지만 아이들이 놀이를 통해 선크림의 중요성을 느끼도록 했죠.

그리고 이 캠페인은 아이들의 행동을 바꾸었고 생각을 바꾸었어요. 세일즈에서도 효과적이었냐구요? 물론이죠!"

나는 갑자기 광고의 선진국에 와 있는 것처럼 느껴졌다. 당연히 아프리카는 광고에 있어 후진국일 것이라 생각했던 내 판단이 또 한 번의 바보 같은 선입견이었음을 느끼는 순간이었다.

"그런데, 모가니, 아프리카에선 광고주를 설득하는 일이 쉬운가요?

한국에선 이런 유의 사회적 캠페인이나 브랜드 광고를 집행하자고 권하면 대부분의 광고주들이 콧방귀도 뀌지 않거든요. 아무래도 광고주의 입장에선 눈앞에 보이는 수익이나 매출 증대에 더 목마를 수밖에 없으니까요.

아프리카의 광고주들은 다른가요? 아프리카에선 광고주가 광고회사의 의견을 많이 수용하는 편인가요?"

"하하, 그럴 리가요! 아프리카의 광고주도 다르지 않아요. 세일즈가 우선이죠. 결국 광고도 비즈니스니까요. 그래서 제 역할이 중요해요.
광고주에게 세일즈보다 브랜드 가치의 중요성을 꾸준히 설득해야 하죠. 그래서 전 가끔 2개의 인격을 가져야 해요."

"2개의 인격이요?"

"네, 클라이언트를 대할 때의 인격과 회사 내에서의 인격이 달라야 하죠.
광고회사도 수익을 추구하는 회사이기 때문에 저에게 실적을 높일 것을 강요해요. 즉, 좋은 광고보다는 수익 내는 광고를 만들 것을 강요하는 거예요.
하지만 그런 회사의 입장에만 지배당하면 좋은 캠페인을 기획할 수가 없어요. 그러면 좋은 광고는 나오지 않게 되고, 클라이언트의 불만은 커지죠.
그럼 아이러니하게도 결국 회사의 실적도 나빠질 수밖에 없단 말이에요. 그래서 좋은 광고 기획자는 회사 내에서의 태도와 클라이언트를 대할 때의 태도를 구분할 줄 알아야 된다고 생각해요."

"그럼, 모가니, 클라이언트를 대할 때 피부색은 어떻게 작용하나요?
클라이언트를 대하는 태도에 있어 인종이 어떤 장애물로 작용하지는 않나요?
저는 단일 민족으로 이루어진 나라에서 살아왔기에 다른 나라에선 인종 문제가 어떻게 다루어지고 있는지, 특히 광고계에선 인종 문제가 어떤 역할을 하고 있는지 항상 궁금했어요."

나는 이것이 예민한 질문일 줄 알면서도, 따뜻하면서도 지적인 모가니의 태도에 신뢰를 얻어 나로 하여금 이 먼 곳까지 찾아오게 만든 깊은 궁금증을 털어놓았다.

아파르트헤이트 박물관 광고
원래 가위, 바위, 보에서는 보(Paper)가 바위(Rock)을 이기게 되어 있다. 그런데 주먹(Rock)을
통해서 제도(Paper, 보)를 이겼으므로 그날을 기억하자는 메시지를 담고 있다.

Image Resource :

https://www.adsoftheworld.com/media/print/apartheid_museum_rock

내가 아프리카를 방문한 이유는 아프리카가 품고 있는 상처에 대한 깊은 궁금증 때문이었다.

산업혁명 이후 제국주의 시대를 거치며 이루 말할 수 없는 수탈의 역사를 겪어야 했던 아프리카는 지금과 같은 자본주의 시대에서 어떤 모습으로 살고 있을까? 아프고 슬픈 역사를 품어야만 했던 아프리카는 가장 서구적이고 현대적인 산업 중 하나인 광고와 어떤 모습으로 공존하고 있을까?

나는 항상 궁금했다.

그 중에서도 특히 남아프리카의 이야기가 궁금했었는데, 왜냐하면 남아프리카공화국은 아프리카 대륙에서도 인종 문제에 있어 가장 슬픈 상처를 안고 있는 나라였기 때문이다.

영화 「파워 오브 원」의 이야기 배경으로도 등장했을 만큼 처참했던 남아프리카의 인종차별 문제는 '아파르트헤이트(apartheid)'라는 정책에서 극단을 치닫게 된다.

아파르트헤이트는 신분증에 피부색을 표시하게 하고 유색인종을 도시 외곽으로 강제 이주시킨 정책인데, 이 정책은 백인들과 유색인종 사이에 씻을 수 없는 상처와 벽을 만들었고 종국에는 극심한 유혈사태까지 불러오고 말았다.

이 극단적인 인종차별정책은 저 유명한 흑인 지도자 넬슨 만델라가 등장함으로써 비로소 폐지되었는데, 이때가 1994년이었으니 남아프리카의 비극적인 인종차별의 역사는 그리 먼 옛날이야기가 아니었던 것이다.

"네, 그런 궁금증이 들 수 있다는 것을 충분히 이해해요. 아프리카는, 특히 남아프리카는 인종차별의 아픈 역사를 아주 깊이 간직한 나라예요. 그리고 그 흔적은 아직도 많이 남아 있구요. 그 대표적인 예가 바로 우리를 둘러싸고 있는 저 높은 펜스들이에요."

"아, 제가 좀 전에 통과해 온 저 펜스 말인가요?"

마치 성처럼, 펜스와 벽으로 둘러싸인 한 쇼핑몰 내부의 풍경

"네, 그래요. 원래 남아공을 채우고 있는 저 많은 펜스들은 백인들이 만든 거예요. 흑인들과 어울려 살기 싫어했던 백인들은 펜스를 치고 그 위에 고압 전선을 두르고, 그 안에 자기들만의 세상을 만들어 살아왔어요."

모가니의 설명을 들으니, 비로소 밖에서 볼 때 거대한 공장단지처럼 보였던 이곳 타운의 모습과 그 안에 리조트처럼 자리 잡고 있는 회사들의 구조가 이해되기 시작했다.

"인종차별정책이 폐지되고 나서야 비로소 흑인들도 펜스 안에 들어와 살게 된 거죠. 하지만 그렇다고 모든 흑인들이 펜스 안으로 들어올 수 있었던 건 아니에요. 대기업들이나 급작스런 경제성장 속에서 돈을 벌어들인 부자들만 펜스 안으로 들어올 수 있었어요. 흑인들 중 절대 다수인 빈민들은 여전히 저 펜스 밖에서 살아가고 있어요.

이제 저 높은 펜스들은 같은 흑인들 사이에서 가난한 사람과 부유한 사람을 나누는 기준이 되어버린 거예요."

아름다운 자연으로 가득 채워져 있을 것이라 생각했던 남아프리카의 첫인상이 왜 그리 차갑고 삭막하게 느껴졌는지 이제야 알 수 있을 것 같았다. 거대한 하나의 도시로 보이는 요하네스버그는 사실 펜스 안의 세상과 펜스 밖의 세상으로 나뉘어져 있는 두 세상의 합(合)이었던 것이다.

"그럼, 요하네스버그를 채우고 있는 이 높은 펜스들은 새로운 유형의 아파르트헤이트인 셈인가요? 인종을 나누던 '아파르트헤이트'가 이제 경제적인 이유로 사람을 나누는 '아파르트헤이트'가 되어버린 것은 아닐까요?"

"맞아요. 인종차별이 경제적 차별로 이어진 거죠.
그래서 지금 남아프리카는 변화를 시도하고 있어요. 혹시 B.E.E. 프로그램이라고 들어보셨나요?"

"B.E.E. 프로그램이요?"

"네, 'Black Economy Empowerment'의 약자에요. 일종의 흑인 고용증대정책이죠. 정부에서 기업들로 하여금 일정 비율 이상 흑인을 채용하도록 강제하고 있어요.
이 정책 덕에 기존에는 백인 산업으로 생각되었던 많은 산업 분야에 흑인들이 채용되었고, 이제는 많은 흑인들이 백인들과 함께 대등한 지위에서 어울려 일하고 있어요."

"그럼, 광고회사에서도 ……?"

"네, 맞아요. 광고회사도 전통적으로 백인 중심의 산업으로 인식되었죠. 그런데, 지금 보시다시피 이제는 많은 흑인들이 진출해서 자리 잡았어요. 하지만 여기엔 다른 부작용도 있어요."

"부작용이라구요? 어떤 부작용이죠?"

"예를 들면, 역차별 같은 문제에요. B.E.E. 프로그램 덕에 새로 채용된 주니어 사원들 다수가 흑인인 건 사실이에요. 하지만 광고회사에서 간부 직원들은 여전히 백인인 경우가 대부분이죠.
그런데 만일 클라이언트의 광고 담당자가 흑인이고 광고대행사의 담당자가 백인인 경우라면 문제가 생기는 거예요.
모두가 그런 건 아니지만, 일부 흑인들 마음에는 백인에 대한 뿌리 깊은 피해의식이 여전히 자리 잡고 있거든요. 만일 백인 광고기획자가 흑인 클라이언트 앞에서 아주 사소한 잘못이라도 하게 된다면, 심한 경우 광고대행이 취소되는 일로 확대될 수도 있어요. 그래서 지금 남아프리카에서 백인 광고기획자가 흑인 클라이언트를 대할 때는 매우 조심할 수밖에 없는 겁니다."

그녀와의 대화는 내가 생각했던 이상으로 흥미로웠다. 하나의 민족으로 이루어진 우리나라에서는 내가 경험해보지도 생각해보지도 못한 이야기를 내게 들려주고 있었기 때문이다.

또한 그녀의 이야기가 우리 한국 사회에 시사하는 바가 있었기 때문이다. 인종 외의 다른 차별의 문제, 가령 경제적 불평등의 문제와 외국인 근로자의 문제 등에서 우리 역시 해결해나가야 할 과제를 안고 있었고, 이 차별의 문제에서 광고가 어떤 긍정적 역할을 할 수 있을 것인지는 내가 안고 있는 숙제였기 때문이다.

"그럼, 모가니⋯⋯. 당신은 어떻게 생각하나요? 광고가 이런 차별의 문제에 있어서 긍정적으로 기능할 수 있다고 생각하나요?"

"네, 물론이죠! 저는 그렇다고 생각해요."

의외로 그녀는 자신 있고 단호한 태도로 답했다.

"차별은 그 모습만 다를 뿐, 세상 어느 나라에나 존재해요. 예를 들어 가장 자유롭고 평등한 나라로 불리는 미국에서조차 다양한 모습의 차별이 존재하잖아요. 이민자들에 대한 차별, 종교적인 차별, 또는 소수자들에 대한 차별 말이에요. 그 차별의 모습이 남아프리카에서는 인종 차별로 드러났을 뿐이에요.

10년 전만 해도 남아프리카에서의 인종 차별은 정말 극명했어요. 그땐 모든 광고에서 백인이 롤 모델이었고, 흑인은 위험한 존재들로만 묘사되었어요. 그런데 이제 그 시나리오가 바뀌었어요.

이제는 광고에서 행복하고 화목한 흑인 가정을 롤 모델로 보여줘요. 광고의 주인공도 이제 대부분 흑인으로 바뀌었어요.

그런데 재미있는 건 이것이 아프리카의 현실을 반영한 건 아니란 점이에요. 왜냐하면 현실에선 아직 남아프리카 흑인의 절대 다수가 빈곤층이니까요. 즉, 지금 남아공에서의 광고는 우리가 추구해야할 이상을 먼저 보여주고 있는 셈이에요."

"그럼, 지금 남아프리카에서 광고는 일종의 사회적 견인차 역할을 하고 있단 말인가요?"

"네, 바로 그거에요!

사회적 견인차! 그런 적절한 단어가 있었네요, 하하하. 저는 이상향을 보여준다는 것이 매우 중요하다고 생각해요.

사람들은 이상적인 모습을 보면서 비로소 '저렇게 살고 싶다' 꿈꿀 수 있으니까요. 그런 이상적 모습을 볼 수 있다는 것과 전혀 보지 못한 것에는 엄청난 차이가 있죠. 그리고 광고야 말로 다양성 속에서 그런 이상을 보여줄 수 있는 가장 훌륭한 창구라고 생각해요."

놀라웠다. 그때까지 내가 알던 광고는 그저 현실을 반영하는 수단이었다. 소비자들의 행동 습관과 사회 트렌드를 분석해 그것을 광고에 반영하는 것이 내가 아는 광고의 수준이었다. 만에 하나, 광고에 견인차 역할이라는 이름을 붙인다 하더라도 그것은 소비를 이끄는 견인이었지, 어떤 사회적 문제를 해결해 나가는 의미의 견인은 결코 아니었다.

모가나는 자기 방의 유리창을 칠판처럼 쓰고 있었고, 그 칠판 너머에는 모가나와 함께하는 동료들이 모습이 보였다.

그런데 이 아프리카의 광고인은 내가 아는 광고의 개념보다 훨씬 깊이 있는 수준에서의 역할을 광고에 담아내고 있었다.

"제 아들이 이제 초등학교에 들어갔어요. 다행히 이 아이는 인종차별을 경험하지 못한 세대에요. TV에서도 광고에서도 이 아이는 부정적인 흑인 가정의 모습은 경험하지 못했다는 뜻이죠.

그런 이상만 보아온 이 아이에게 흑인 가정은 당연히 행복하고 화목한 모습인 거고, 난 이것이 참 다행이라고 생각해요. 아이에게 인종차별이란 것을 설명해주고 학교에서 조심해야 할 일에 대해 이야기해주면, 아이는 전혀 이해하질 못해요. 구세대인 엄마가 더 나은 세대를 살고 있는 아이를 교육하고 있는 꼴이 된 거에요, 하하하.

광고가 더 나은 세상을 만드는 데 기여하느냐고요? 네, 전 주저 없이 그렇다고 이야기할래요. 우리에게 필요한 좋은 롤 모델을 보여줄 수 있는 훌륭한 수단이라는 점에서 그렇다고 이야기하겠어요!"

*
* *

그녀와의 대화를 마무리하고, 방문 확인증에 도장을 받아 나가는 길. 처음 저 펜스를 들어올 땐 예상 못했던 아프리카 광고 세상의 깊은 이야기들로 내 머리 속은 혼란스러워지고 있었다.

'한국에서 24시간 이상 떨어진 먼 나라.
야생동물들이 뛰노는 나라.
세계에서 가장 위험한 나라.
인종차별이 심한 나라.
벽보 광고가 살아있는 나라.

나는 매디슨 애비뉴를 떠났다

전통 복장의 아프리카인들과 세련되고 모던한 아프리카의 광고인들이 공존하는 나라.
그리고 광고가 사회적 견인차 역할을 하는 나라 ······.'

무엇인가 한마디로 정의할 수 없는 이곳 아프리카에 대한 수만 가지 개념과 생각들이 머릿속을 맴돌고 있었기 때문이었다. 아프리카를 더 이해하기 위해, 이곳 남아프리카의 광고 세상을 더 깊이 있게 경험해보기 위해, 몇몇 광고인들을 더 만나보고 싶다는 생각이 간절히 떠오르고 있었다.

광고회사의 몽상가들

광고회사에는 어떤 사람들이 일하고 있을까?
그 직군을 나열해 보면 아래와 같다.

- AE : Account Executive의 약자로, 국내에서는 그냥 '기획'이라 부른다. 그런데 원래 미국 등 다른 나라의 광고업계에서 AE는 원래의 의미 그대로 집행, 혹은 광고주 담당의 의미로 쓰인다. 그런데 국내에서는 AE가 각종 집행과 광고 기획 업무까지 도맡아하고 있다. 이 점이 AE의 업무량이 매우 높은 이유 중 하나다.

- AP : Account Planner의 약자로, 국내에서는 여기 해당하는 명칭이 딱히 없다. 다른 나라들의 사례에 따르면 AP가 기획의 역할을 담당해야 하지만 국내에서 는 AE가 영업, 집행, 기획의 업무까지 모두 맡아 하고 있기에 AP는 소비자 조사 나 브랜딩 업무 등 한정된 역할만 하고 있는 것이 현실이다.

- CW : 카피라이터. 카피라이터라고 해서 광고 문구만 쓰는 것은 결코 아니며, 각종 광고 콘셉트와 아이디어 작업을 총괄적으로 담당한다. 화려한 영상 중심 의 광고가 대세를 이루고 있는 요즘이지만, 여전히 가슴을 파고드는 카피 한 줄은 강력한 힘을 갖기에 모든 광고회사는 항상 힘 있는 필력의 카피라이터를 찾는다.

- AD : 아트디렉터, 또는 디자이너다. 광고의 각종 이미지 작업들을 담당하며 특 히 비주얼이 중요한 광고에서 그 가치가 드러난다.

- PD : 영상과 관련된 종합적인 업무를 담당한다. 하지만 가장 중요한 역할은 광고회사와 프로덕션 사이에서 광고 제작비를 조율하고 조정하는 역할이다.

- CD : 크리에이티브 디렉터의 약자. 각 제작팀의 수장으로서 광고안을 제시하고 결정하며 총괄하는 중심적인 역할을 담당한다.

- 미디어 플래너 및 바이어 : 한정된 광고비로 효과적인 매체 운영을 위해 광고 매체 집행 계획을 세우고 그에 따라 각 매체를 구매하는 역할을 담당한다. 점점 다양한 미디어가 등장하고 그 모습도 복잡해지면서 미디어 플래너 및 바이어의 역할과 업무량이 증가하고 있다.

- BTL팀 : Below the Line의 약자로, 주로 옥외광고나 이벤트, 프로모션 업무 등을 담당한다. BTL이라는 용어는 과거 광고주에 세금계산서를 발행할 때 계산서에 선을 긋고 그 아래 영역(옥외 부문)은 수수료 대신 fee를 청구했던 데에서 기인한다고 한다.

- 디지털 캠페인팀 : 모바일 미디어 등 디지털 기기를 중심으로 한 캠페인을 담당한다. 광고의 주요 영역이 점차 TV에서 디지털 디바이스로 넘어오면서 디지털 캠페인 팀의 역할과 영역이 중요해지고 있다.

…

이 한두 페이지에는 미처 다 담을 수 없을 만큼 광고회사에는 수많은 인력이 일하고 있고 그들 각자의 역할은 매우 중요하다. 그런데 재미있는 점은, 이렇게 다양한 사람들이지만 모두 더 좋은 광고를 만들고 싶다는 꿈을 꾸고 있는 몽상가들이란 사실이다.

예술, 그 이상의 광고

"선생님, 괜찮으세요?"

나레 모코토(Nare Mokgotho)를 기다리던 쇼핑몰의 한 카페에서 시종일관 친절한 태도가 인상적이었던 한 직원이 그렇게 물었다. 처음엔 레스토랑 직원으로서 건네는 상투적인 질문인 줄 알았으나, 그가 내 어깨에 손을 얹고 내 표정을 살피며 질문할 때엔 그가 나를 진심으로 염려하고 있다는 것을 알게 되었다. 이내 나 역시 그에게 진심을 담아 대답해주었다.

"아, 괜찮아요. 고맙습니다. 그냥 좀 피곤했을 뿐이에요. 커피 한 잔 더 주시겠어요?"

"네, 알겠습니다! 같은 커피로 가져다 드리면 될까요?"

처음엔 무뚝뚝해 보이지만 좀 더 깊이 알게 되면 누구보다 따뜻하고 온정이 많은 사람들이 바로 남아프리카 사람들이었다.

"네, 같은 커피로 부탁합니다. 고맙습니다."

사실 나는 피곤했다기보다 생각에 빠져 있었다. 남아프리카에 대해, 이 나라를 두고 내가 가졌던 편견에 대해, 그리고 내가 감히 편견으로 가늠하려 했던 이 나라의 사람들에 대해. 그리고 오늘 내가 만날 나레 모코토는 그런 내 편견 너머에 있는 남아프리카의 진짜 모습에 대해 또 다른 관점에서 꽉 막혔던 내 시야를 열어줄 또 한 명의 광고인이었다.

나레는 내가 남아프리카에서 만난 여러 광고인들 중에서도 매우 특이한 이력을 보유하고 있었다. 대학에서 미술을 전공한 그는 처음엔 전공을 살려 광고회사에 디자이너로 입사했다고 했다. 그렇게 몇 년 간의 디자이너 경력을 쌓은 후 그는 카피라이터로 전향했다.

그가 카피라이터로 전향한 정확한 이유는 알 수 없었지만, 그가 디자이너로서 습득한 미적 감각이 그의 카피라이터로서의 능력과 창의적인 아이디어에 독특한 우위를 부여했던 것만큼은 확실했다.

그에 대한 주위 광고인들의 평가가 그것을 증명해주고 있었는데, 내가 남아프리카에서 만난 많은 광고인들이 하나같이 그를 꼭 만나봐야 할 광고인 중 한 명으로 손꼽았던 것이다.

그런데 그는 지금 이 독특한 이력에 더해 매우 괴짜 같은 프로젝트를 진행 중이었다. 이름 하여 'Boredom(지루함)' 프로젝트. 그것은 예술과 토론에 관한 프로젝트였는데, 저명한 예술가의 강연을 함께 공유하고, 그 내용을 바탕으로 꽤 긴 시간에 걸쳐(적게는 4시간에서 길게는 6시간까지) 참여한 사람들과 토론을 나누는 내용이었다.

하루 일과가 너무나 빠듯한 광고인이 왜 이런 프로젝트를 진행하고 있는 것일까. 나는 그를 만나 그의 이상한 프로젝트에 대해, 그리고 남아프리카의 광고를 바라보는 그의 특별한 시각에 대해 들어볼 심산이었다.

오늘 쇼핑몰에서 만날 것을 먼저 제안한 쪽은 나레였다. 그런데 그 만남의 장소가 하필 왜 쇼핑몰이어야 했는가 하는 사실은 남아프리카를 이해한다면 결코 이상할 일이 아니었다.

남아프리카는 펜스 밖의 세상과 펜스 안의 세상으로 나뉘어 있었고, 펜스 밖의 거리에서는 이렇게 만날 만한 적절한 장소가 없었다. 모든 만남도, 주말 가족 나들이도, 심지어 경쟁 PT를 끝낸 광고인들의 회식도, 모두 펜스 안에서 이루어졌고, 그 중에서도 핫 플레이스 역할을 하는 공간이 바로 쇼핑몰이었다. 즉, 남아프리카에서의 쇼핑몰은 단순히 쇼핑을 위한 공간의 의미를 넘어 도시의 중심이라는 의미를 갖고 있었던 것이다.

요하네스버그에만도 이런 핫 플레이스로 기능하는 대형 쇼핑몰들이 5~6개 정도 있었고, 남아프리카의 모든 마케팅 활동도 이 쇼핑몰들을 중심으로 이루어지고 있었다.

따라서 남아프리카에서 사람 구경을 하려면, 그리고 그들을 대상으로 한 광고들을 구경하려면 쇼핑몰을 찾아가는 것이 정답이었다.

이런 사실을 알게 된 나는 쇼핑몰에서 만나자는 나레의 제안을 기쁘게 받아들였다. 쇼핑몰 안에서 이루어지는 많은 마케팅 활동들과 다양한 브랜드들의 광고 활동, 그리고 그 환경 속에서 이루어지는 남아프리카 사람들의 소비 패턴 등을 내 눈으로 확인할 수 있는 적절한 기회로 여겨졌기 때문이다. 그런 기대 속에 나레를 만나기 두어 시간 전에 먼저 도착해서 경험한 남아프리카의 쇼핑몰은 실제로 여러 면에서 바깥세상과 차이가 있었다.

우선 안전했다. 쇼핑몰 안에서는 더 이상 펜스 밖의 세상에서처럼 강도를 걱정할 필요도, 소매치기를 염려할 필요도 없었다. 경찰의 접근을 두려워할 필요도 없었다.

식사하는 동안 옆에 놓인 의자에 가방을 마음 편히 올려둘 수도 있었고 – 남

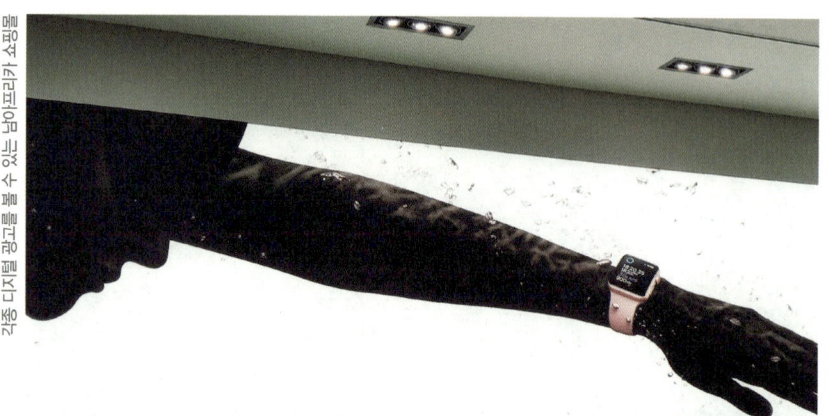

아프리카 어디를 가던 무릎 위에 가방을 올려두어야만 했던 내게 이것은 혁명이었다 — 현지 가이드 없이 혼자서 이곳저곳을 돌아다닐 수도 있었다. 심지어 펜스 밖에선 듣기 힘들었던 아이들의 뛰노는 소리도 쇼핑몰 안에서는 쉽게 들을 수가 있었다.

그리고 밖에서는 찾아보기 힘들었던 브랜딩 광고들도 쇼핑몰 안에서는 만나 볼 수 있었다. 브랜딩 광고란 세일즈 광고의 반대말로, 단기간의 제품 매출보다는 장기적인 브랜드 이미지 제고를 목표로 한 광고를 의미한다. 쇼핑몰 바깥세상에서 접할 수 있었던 남아프리카 광고의 대부분은 옥외광고물이나 전단지에 나와 있는 할인 광고, 지역 광고들이 대부분이었으며, 이런 광고들만 만날 수밖에 없는 상황에 나는 약간의 실망과 피곤을 느끼고 있었다. 그런데 쇼핑몰 안에선 기업 PR 광고와 같은 장기적 캠페인들을 접할 수 있었고, 비로소 남아프리카의 진짜 광고에 대한 깊은 이야기를 나눌 수 있을 것 같아 안심이 되었다.

　또 하나의 차이를 들자면, 쇼핑몰에서는 펜스 밖에서는 보기 힘들었던 디지털 기반의 광고들도 접할 수 있었다.
　최신형 스마트폰을 비롯한 최신 기종의 전자제품 광고와 디지털 미디어에서 구현되는 최신 기술의 광고들을 쇼핑몰 안에서는 접할 수 있었고, 이는 아날로그 시대에 머물러 있는 것만 같았던 바깥의 세상— 쇼핑몰 밖에서는 여전히 15년 전 모델의 핸드폰이 가장 인기 있는 기종이었다 —에서는 결코 기대할 수 없었던 또 다른 모습의 남아프리카였다.

　"킴, 방금 쇼핑몰에 도착했어요. 약속한 레스토랑으로 바로 갈게요."

　주문했던 두 번째 커피와 쇼핑몰에 도착했다는 나레의 메시지가 거의 동시에 도착했다.

"안녕하세요, 당신이 나레군요! 한국에서 온 킴입니다."

"네, 반갑습니다. 나레 모코토입니다."

희한하게도 나는 수많은 남아프리카 사람들 속에서 첫 눈에 나레를 알아볼 수가 있었다. 어딘가 진지해 보이는 그의 표정과 눈빛, 그러면서도 젊고 활동적인 복장이 그가 남아프리카에서 주목 받는 카피라이터이자 독특한 프로젝트를 추진 중인 바로 그 장본인임을 말해주고 있었다.

"미안해요. 오늘 업무가 예상보다 조금 늦게 끝나고 말았네요."

"아, 그랬군요. 괜찮습니다. 사실 저는 일부러 조금 일찍 와서 이곳 쇼핑몰을 둘러보고 있었어요. 남아프리카의 쇼핑몰을 구경하는 것도 꽤나 재미있더라구요."

"아, 그래요? 다행이네요. 쇼핑몰을 구경하는 게 재미있었다니, 남아프리카의 쇼핑몰이 다른 나라와 많이 다른가보군요?"

그도 나와 같은 광고인이기 때문이었을까. 내가 남아프리카에 관심을 갖는 것 이상으로, 그 역시 외국인의 관점에서 보는 남아프리카의 모습이 어떨지 매우 관심을 갖는 눈치였다.

"음, 무엇보다 바깥세상과 철저하게 구별된 듯한 모습이 재미있었어요. 제 눈에는 마치 남아프리카 안에 쇼핑몰이라는 또 다른 남아프리카가 하나 더 존재하는 것처럼 보였거든요."

"아, 그랬군요. 맞아요. 남아프리카에 있어 쇼핑몰은 단순히 쇼핑을 위한 공간 그 이상

남아프리카의 카피라이터 나레 모코토

의 의미를 갖죠. 예를 들어, 광고 계획을 세울 때에도 쇼핑몰은 타깃을 나누는 기준이 되기도 하니까요."

"네? 쇼핑몰을 기준으로 광고 타깃을 나눈다구요?"

"네. 아마 남아프리카에만 있는 독특한 마케팅 방법일 텐데요, 우리는 그렇게 나눈 타깃을 쇼퍼(Shopper)와 워커(Walker)라고 불러요."

"쇼퍼와 워커? 워커라면 '걷는 사람'을 말하는 건가요?"

"네, 맞아요. 쇼퍼는 주말이면 차를 몰고 쇼핑몰에 와서 쇼핑을 하거나 가족 모임을 가질 수 있는 정도의 경제력을 갖고 있는 소비자들을 말해요. 자동차나 최신 스마트폰

을 구매할 수 있고, 남아프리카에선 아직은 비싼 인터넷도 비교적 자유롭게 쓸 수 있는 사람들이죠.

반면, 워커는 대부분 도시 외곽의 빈민촌에서 살고 있는 저소득층을 말하는데, 이들은 자동차나 최신형 스마트폰을 구매할 정도의 경제력을 갖고 있진 않아요. 쇼핑몰 안에서 쇼핑하는 것도 이들에겐 사치죠. 그래서 이들 대부분의 소비 생활은 쇼핑몰 밖에서 이루어져요. 그리고 대부분 걸어 다니거나 대중교통을 이용하죠. 그것이 이들을 워커라고 부르는 이유에요."

일반적인 광고 타깃 설정은 소비자들의 성별, 나이, 직업 등을 기준으로 한다. 그런데 쇼핑몰을 기준으로 광고 타깃을 나눈다고 하니, 내 광고 인생에서 한 번도 들어보지 못한 마케팅 방법이었다. 갑자기 내가 지금까지 딱딱한 교과서 속에서만 광고를 해온 것 같은 기분이 들었다.

"쇼퍼와 워커라…… 하하, 저는 정말 처음 들어보는 마케팅 방법인데요. 그럼 이 두 성격의 타깃에 따라 광고 메시지나 방식, 미디어도 모두 달라지는 건가요?"

"네, 그렇죠. 예를 들어 최신 스마트폰 광고나 고급 자동차 광고를 워커들을 대상으로 할 순 없잖아요.
당연히 이런 광고들은 쇼퍼들이 타깃이죠. 따라서 이런 유의 고가 제품 광고는 쇼핑몰 안에서만 구경할 수 있어요. 미디어도 TV 외에 인터넷 또는 모바일 광고들을 많이 이용하고 있구요.
하지만 남아프리카 국민의 90% 이상은 여전히 워커입니다. 소득 수준은 낮지만 국민의 대다수를 차지하기 때문에 남아프리카 기업들에겐 놓칠 수 없는 중요한 타깃이죠.
따라서 남아프리카에서는 워커를 대상으로 하는 광고들이 여전히 주류를 이뤄요.
이 광고들의 특징은 모두 쇼핑몰 밖에서 볼 수 있다는 점이에요.
옥외 광고물이나 신문, 전단지 등에서 말이에요. 그리고 광고 소재도 대부분 저가 생필품 광고들이거나 세일 광고들이죠."

내가 이해한 남아프리카의 모습이 전혀 틀린 이야기가 아니라는 사실에 비교적 안도감 비슷한 감정이 일었다.

"그렇다면, 남아프리카에선 마케팅이 비교적 쉽겠어요. 왜냐하면 쇼핑몰을 기준으로 소비자들을 둘로 나누면 되니까요."

"음, 그 말도 일리는 있어요. 하지만 이건 남아프리카 사람들을 지나치게 단순화해서 표현한 거예요.
오직 마케팅의 관점에서 쉽게 시장을 정의하기 위해 양분화한 거죠.
그런데 남아프리카는 이렇게 단순하게 정의할 수 있는 나라는 아니랍니다.

남아프리카의 한 핸드폰 캠페인 [This is Your Time]
빈민가에 살고 있는 한 소녀를 소재로 하고 있는 이 광고는 "나를 보면 빈민가에 사는 불쌍한 소녀가 보이는가? 왜 함부로 성급하게 나를 판단하는가! 나는 꿈이 있으며, 우리는 세상 모든 가능성을 우리 손안에 갖고 있다. 지금부터는 우리의 시대가 올 것이다!"라는 강력한 메시지를 던지고 있다.

Image Resource : https://www.adsoftheworld.com/media/film/vodacom_this_is_your_time

또 이런 공간적 기준이나 경제적 기준으로 사람들을 나누는 것에 대해서 저는 동의하지도 않구요."

왜 그가 이름부터 독특한 이상한 프로젝트를 시작한 것인지, 이제 곧 그 이유를 들어볼 수 있을 것 같았다.

"예를 들어, 저는 카피라이터로서 광고를 번역하는 일을 하고 있는데요."

"카피라이터인데, 광고를 번역한다고요?"

"네, 맞아요. 외국인에게는 신기하게 들리겠군요.
남아프리카에는 11개 이상의 부족이 어울려 살고 있어요.
그리고 그들은 각각의 언어를 갖고 있어요. 따라서 한 편의 광고가 만들어지면 그 광고는 11개 언어로 번역되어야 합니다. 특히 라디오 광고 같은 경우가 그래요.
그런데 이 번역이라는 게 그렇게 단순한 일이 아니에요.
그냥 다른 부족의 언어를 안다고 해서 번역이 되는 게 아니라, 원래 광고가 전달하고자 하는 메시지가 해당 부족의 언어로 충실히 전달되어야 하니까.
그래서 그냥 번역가가 아니라 저와 같은 카피라이터가 각 언어로 번역하는 일까지 감당해야 하죠."

광고는 촬영과 같이 눈에 보이는 과정 외에도 수많은 기획 회의와 시안 작업, 제작과 편집, 수정, 심의, 미디어 집행 등 생각보다 매우 복잡한 단계와 절차들을 거치는 작업이다.
그런데 여기에 부족별 언어로 번역하는 작업까지 필요하다니. 나는 남아프리카에서는 결코 광고를 할 수 없을 것 같다는 생각이 들었다.

남아프리카의 한 라디오 방송국 캠페인
남아프리카에서는 아직 라디오 광고가 꽤나 인기가 있었는데, 한 라디오 방송 채널은 경쟁에서 살아남기 위해 쇼핑몰 옥외 빌보드에 음악과 동시에 한 가수가 립싱크하는 모습을 라이브로 틀어주었다. 그냥 음악만 듣던 청취자들은 재미있는 라이브 립싱크 영상에 더 뜨거운 반응을 보낼 수밖에 없었다.

Image Resource : https://www.adsoftheworld.com/media/film/jacaranda_fm_more_music_you_love

"세상에! 저는 한 번도 생각해본 적조차 없는 과정이에요."

"네, 이것 역시 다양한 사람들이 함께 어울려 살아야만 하는 남아프리카의 독특한 모습일 거예요. 그런데 그렇게 11개의 언어로 광고를 번역하다 보면 알게 돼요. 남아프리카를 채우고 있는 이 많은 사람들이 얼마나 다양한 생각과 사고방식, 문화를 갖고 있는지 말이에요. 이렇게 다양한 사람들을 단순히 경제적 기준으로, 또는 살고 있는 지역을 기준으로 이분화해서 판단할 수는 없는 거예요."

"혹시, 그런 생각이 당신으로 하여금 그 독특한 프로젝트를 시작하게 만든 건가요? Boredom 프로젝트 말이에요."

"네, 맞아요. 사실 무관하지 않죠."

그와 이야기를 나누는 동안 어느덧 식사는 모두 준비되었다. 하지만 서로의 이야기에 빠져 둘 중 어느 하나도 먼저 식사를 들지 못했다.

"제 프로젝트에 대해 이야기하려면, 먼저 왜 광고를 시작했는지부터 이야기해야 할 것 같네요. 저는 원래 대학에서 미술을 전공했어요. 그 전공을 살려 예술과 관련된 직업을 갖고 싶었죠. 그리고 예술이라는 영역을 통해 사람들에게 영향을 끼치는 사람이 되고 싶었고요."

예술을 통해 사람들에게 영향을 끼치고 싶었다는 그의 바람에서 나와 비슷한 동질감을 느꼈다. 그도 어쩌면 세상을 치유하고 싶다는 꿈을 안고 광고계에 뛰어든 몽상가 중 하나일 것 같았다.

"저는 광고가 좋은 절충안이 될 것 같았어요. 순수예술은 너무 느리니까요. 순수예술은 사람들의 반응을 느끼고 그들에게 영향을 끼치기까지 너무 오랜 시간이 걸려요. 그리고 무엇보다 돈을 벌어다주지 못해요.
하지만 광고는 다르죠. 광고는 리액션이 정말 빨라요. 광고를 집행한 효과를 바로 그다음날 알 수 있으니까. 게다가 순수예술과 달리 돈이 되죠. 이런 이유들이 배경이 되어 저는 광고를 시작했어요."

그의 말처럼 많은 광고인들이 그와 비슷한 배경 속에서 광고를 시작했다. 나 역시 그러했고 많은 인문학 전공자나 예술 전공자들이 그러했다.
그래서 광고인들 중에는 마케터들만큼이나 예술 전공자 및 인문학 전공자들이 많았다.

"그렇게 시작한 광고회사에서 저는 얼마 전까지도 동료들과 소위 큰 이야기들을 나누었어요.
예를 들면 마켓이 어떻고, 사회가 어떻고, 나라가 어떻고 같은 큰 얘기들 말이에요. 그러면서 우리는 스스로 대단한 일을 하고 있다는 착각을 하고 있었어요."

"그런데, 아니었나요?"

"네, 아니었어요. 저는 어느 순간 알게 되었어요. 그런 큰 이야기들로는 세상을 바꾸지 못한다는 것을요. 오히려 세상을 바꾸고 삶을 바꾸는 것은 그런 크고 거창한 이야기들이 아니라, 정말 작은 이야기들 속에 담겨 있었어요.
가령 아이들이 학교를 오가며 친구들과 나누는 소소한 이야기들, 어머니의 무릎 위에서 옛날이야기를 들으며 어머니와 교감했던 작은 감정들과 같은 작은 이야기들 속에 말이에요."

나레(Nare)가 일하고 있는 M사의 한 제약회사 광고 – "아이들이 아플 때 무엇을 해주었나요?"라고 어머니들에게 물어보는 것으로 이 광고는 시작된다. 어머니들은 한결같이 병원에 데려가거나 약을 사주었다고 대답했다. 똑같은 질문을 아이들에게 했더니 아이들의 대답은 달랐다. "엄마가 꼭 안아주었어요."라거나 "따뜻하게 키스해주었어요." 라고 대답했다. "아이들이 기억하는 것은 약이 아니라, 바로 당신입니다."라는 메시지로 이 광고는 끝을 맺는다. 이 광고는 약을 광고하는 대신 어머니의 따뜻함을 광고하고 있다.

Image Resource : http://massif.media/petarspiljevic/

그의 이야기를 듣는 동안 갑자기 어릴 적 어머니의 품에 안겨 옛날이야기를 들으며 쳐다보았던 어머니의 눈빛이 떠올랐다. 어쩌면 그때 이미 세상을 치유하겠다는 꿈의 씨앗이, 지금 어머니의 품처럼 따뜻한 세상을 만들고 싶다는 꿈의 씨앗이 내 속에 심어졌던 것일까.

"저는 습관적으로 해오고 있던 일들과 화려한 광고 속에서 불현듯 두려움을 느꼈어요. 사고가 굳어버리고, 세상을 보는 눈이 편견에 갇혀버리는 것 같은 느낌이었죠."

"재미있네요. 항상 창의적인 아이디어를 내야하는 광고회사에서 오히려 사고가 굳어버릴 수 있다는 두려움을 느꼈다니 말이에요."

"네, 아이러니일 수도 있지만 정말 그랬어요.

예컨대 우리는 수년 동안 광고에서 '흑인의 권리'와 '여성의 권리'를 주장해왔어요.
하지만 그 속을 들여다보면 여기서 말하는 힘과 권리는 '구매력'이에요. '흑인들이여, 여성들이여! 어서 힘을 키워라.
그리고 우리 물건을 사라!' 뭐, 그런 메시지죠.
이것은 진정한 권리에 대한 이야기는 아니에요. 엄밀히 말해 기만이죠.
그리고 이런 기만이 반복되다 보면 새로운 이분법이 생기고 말아요. 구매력을 가진 부유한 사람과 구매력이 없는 가난한 사람을 나누는 이분법 말이에요.
결국 흑인과 여성에 대한 차별이 가난한 사람에 대한 차별로 이어지게 되는 거죠."

그가 지금 꺼낸 이 지적은 나는 한 번도 생각 못해봤던 깊이의 고민이었다. 아마 심각한 인종차별을 직접 경험해본 남아프리카 사람이기에 찾아낼 수 있는 깊이의 고민인 것 같았다.

"그런데 더 무서운 건 이런 편견을 강화하는 데 제가 앞장서고 있었다는 점이에요. 오랜 세월 차별의 역사를 겪으며 남아프리카에는 하나의 왜곡된 사고방식이 생겼어요. '백인이 쓰는 물건은 좋은 것이다'와 같은 왜곡된 시선이요. 그래서 종종 우리는 광고에서 '우리 제품은 좋은 것이다'라고 말하는 대신 그냥 백인이 우리 제품을 사용하는 모습을 보여줬어요. 굳이 우리 제품의 장점을 말하기보다 백인을 모델로 세워 우리 제품을 사용하는 것을 보여주는 것이 훨씬 효과적이었거든요. 저와 같은 광고인들이 앞장서서 차별을 강화하고 있었던 거죠."

그의 이야기에는 내 마음과 생각을 파고드는 무엇인가가 있었다. 알고는 있었지만 무시하고 싶었던 것. 그릇된 것인 줄 알면서도 직업이라는 가면 뒤에 숨어 직면하고 싶지 않았던 것. '광고로 세상을 치유하겠다'는 꿈과 정면으로 대치되는 줄 알면서도 월급을 벌기 위해 한없이 미래의 과제로 미뤄두었던 고민을

그는 내 앞에 꺼내놓고 있었다.

"이런 고민들이 점점 쌓여갈 즈음, 더 나은 세상을 위한 광고를 만들려면 우리 광고인들의 태도가 먼저 바뀌어야 한다는 생각이 들었어요. 그리고 그때 제 머리 속에 다시 떠오른 생각이 바로 예술이었어요. '다시 예술로부터 배우자. 예술이 갖고 있는 진짜 가치 속에서 광고의 가야 할 방향을 생각해 보자'는 아이디어였죠."

"예술이 갖고 있는 진짜 가치라 …….
예를 들면 어떤 것들이죠?"

"예술은 이분법에서 벗어나게 해줘요. '흑은 나쁘고 백은 좋다', 또는 반대로 '백은 나쁘고 흑은 좋다'는 식의 이분법으로부터 말이에요.

AD

나레와 그 동료들이 만든 광고 중 하나 – 빈민가에 살고 있는 영상 속 주인공은 매일 푼돈을 벌기 위해 거리로 나간다. 그는 하루 노동으로 겨우 번 돈을 조그만 저금통에 매일 저축한다. 그런데 이 주인공은 그렇게 하루하루 번 돈을 거리에서 구걸하는 다른 모자에게 주고 만다. 그리고 이 광고는 이런 메시지로 마무리한다. "Every single one of us has the power to change the world for good.(우리 중 누구라도 더 나은 세상을 만들 힘을 갖고 있습니다.)"

Image Resource : http://massif.media/marc-sidelsky/u_love

그런 이분법에서 벗어나 보다 큰 시각에서 세상을 볼 수 있도록 도와줘요. 그게 바로 예술의 힘이고, 예술이 갖고 있는 중요한 사회적 가치죠."

"재미있네요.
한국의 광고회사에선 '예술할 거면 나가!' 그런 말을 하거든요. 광고와 예술을 혼돈해서 너무 심미적인 영역에만 심취해 있을 때 그렇게 지적하곤 해요.
그런데 당신은 오히려 예술을 통해 더 나은 광고를 만들자는 이야기를 하고 있네요."

"하하하. 물론, 우리도 그런 농담을 하곤 해요. 하지만, 그건 어디까지나 광고에서 현실 감각을 놓치지 말라는 이야기에요. 제가 말하고 싶은 것은 예술의 사회적 기능을 통해 더 나은 광고를 만들어보자는 거예요."

"나레, 당신의 이야기를 듣고 있으니 예술은 어쩌면 양면성을 갖고 있는 것 같다는 생각이 드네요. 지루하지만 그 지루한 얼굴을 넘어 그것을 진지하게 받아들일 때 예술은 세상을 치유할 힘을 갖게 되고, 반면 예술이 자본과 결합하여 화려한 상업 광고의 모습을 띨 때 오히려 사람들을 선입견으로 몰아넣고 편견을 강화할 수 있구나, 하는 생각 말이에요."

"네, 제가 경험한 것이 바로 그런 점이었어요. 그래서 전 제 동료들과 예술을 다시 진지하게 바라보자는 프로젝트를 시작한 겁니다. 그리고 그 이름도 '지루함'이라고 지은 거구요. '예술의 지루함을 피하지 말고 정면으로 대하자.
그리고 그 지루함 너머에 있는 예술의 힘, 즉 사람들의 마음을 치유해주고 더 나은 세상을 만들 수 있는 가능성을 광고에 담아보자'는 취지에서 말이죠.
이게 바로 지금 저와 제 동료들이 더 나은 광고를 만들기 위해 시작한 새로운 프로젝트의 핵심이에요."

광고 안에 예술을 접목할 방법을 토의 중인 나레와 그의 동료들

그의 독특한 프로젝트 '지루함'은 처음의 내 예상과 달리 결코 괴짜스러운 것이 아니었다. 오히려 통찰이 있었고 내가 추구하는 광고의 모습과 공통분모를 갖고 있었다.

"그럼, 나레. 이 '지루한' 프로젝트의 성과는 있었나요?"

"아직 확신할 수 있는 단계는 아니에요. 하지만 지금의 광고가 가고 있는 방향을 무비판적으로 따라가지는 말자는 경각심을 만들어낸 점에서는 약간의 성과를 거두고 있다고 생각해요.
그리고 만일 앞으로 아주 조그만 답이라도 제시할 수 있다면 마치 브레이크 없이 달려가고 있는 이 자본주의 세상에서 광고가 중요한 안전장치의 역할을 할 수 있을 거라 생각해요."

"광고가 자본주의의 안전장치가 될 수 있다……. 정말 재미있는 생각이네요.
그럼, 나레, 내가 지금까지 만난 모든 광고인들에게 했던 똑 같은 질문을 당신에게도 던지고 싶어요.
당신은 어떻게 대답할지 더 궁금해지거든요. 어때요? 당신은 광고가 세상을 치유할 힘을 갖고 있다고 믿고 있는 건가요?"

"물론이에요. 전 그렇다고 믿어요. 그런 광고의 힘을 믿기 때문에 이런 노력을 하는 것입니다.
아직은 광고가 상업적인 역할에서 크게 벗어나지 못하고 있지만, 저와 같은 '지루한' 광고인들이 계속 노력하고 그 신상의 끈을 놓지 않는다면, 광고는 분명 더 나은 세상을 만들 수 있는 영향력 있는 수단이 되고 말 거라고 생각해요. 그래서 미스터 킴 당신도 이런 독특한 여행을 하고 있는 것 아닌가요?"

남아프리카 쇼핑몰의 한 서점에서 만난 소년

＊
＊＊

　나레와 이야기를 마무리하고 레스토랑을 나서는 길, 쇼핑몰 안에 위치한 한 서점 구석에서 10살 정도로 보이는 남자 아이가 쪼그리고 앉아 한 권의 책을 열심히 들여다보고 있었다. 우리나라 서점 구석에서 자주 볼 수 있었던 그 모습에 이끌려, 아이에게 다가가 지금 무슨 책을 보고 있는지 조심스레 물어보았다. 무뚝뚝한 남아프리카인답게 꼬마는 아무 표정 없이, 그리고 아무 말 없이 내게 책을 열어 보여주었다. 꼬마가 정독을 하고 있던 것은 놀랍게도 만화책이 아니라, 남아프리카에서 흔히 볼 수 있는 자동차 잡지의 중고차 판매 광고란이었다.

　"자동차를 보고 있었구나? 차를 좋아하니?"

　"네 ⋯⋯."

　대답하는 아이의 얼굴에 그제야 수줍은 미소가 떠올랐다. 누군가 커다란 의미 없이 만든 이 아날로그 방식의 중고차 광고가 이 열 살짜리 사내아이에겐 어마어마한 상상력과 꿈을 키워주고 있는 것이 분명했다.

　그리고 내가 지금까지 만들어온 수많은 광고들. 때론 자랑스러웠고 때론 부끄러웠던 수많은 광고들을 보며 누군가는 지금 이 아이처럼 맑은 눈을 하고 꿈을 꾸거나 상상력을 펴왔을지도 모를 일이었다. 어쩌면 나레를 포함한 아프리카의 광고인들은 자기가 만든 광고를 바라보는 아이들의 표정을 발견하였기에 광고에 대한 더 무거운 책임감을 느끼고 있었던 것은 아닐까.

\# 라디오 광고와 회장님

모두 스마트폰을 들고 다니는 요즘 도대체 누가 라디오 광고를 들을까?

누구라도 한번쯤 이런 궁금증을 가져봄직하다.
하지만 세월이 지나도 변치 않는 라디오 광고의 타깃이 따로 있다.
출퇴근 시간에 자가용을 이용하는 많은 직장인들,
하루 종일 차에 앉아 라디오를 의지하는 많은 기사님들,
늦은 시간 아날로그 감성에 젖어 편안한 저녁을 보내고 싶어 하는
수많은 센티멘털한 소비자들이 라디오 광고의 주요 타깃이다.

하지만 광고 실무에선 이보다 더 중요한 광고 타깃이 있으니,
바로 광고주의 회장님이시다!

평소 TV나 핸드폰을 보실 시간이 없는 회장님이
우리 광고를 경험할 수 있는 유일한 시간은
출퇴근 중 차에 앉아 라디오를 듣는 시간뿐이기에
광고 집행에 있어 라디오 광고는 빠질 수 없는 중요한 매체인 것이다.

그래서 제품 소비자들과 아무런 상관이 없는 시간대라도
회장님의 출퇴근 시간에 맞춰 라디오 광고를 집행하기도 하고
소비자보다 회장님의 취향에 맞춘 광고를
심혈을 기울여 만들기도 한다.

아, 그리고 한 가지 더!

가끔은 내부 직원이 그 타깃이 되기도 하는데,
한번은 양돈협회를 광고주로 둔 선배가 아주 황당한 이야기를 해주었다.
광고주가 새벽 시간에 라디오 광고를 틀어달라고 요구했다는 것이다.
그 시간엔 소비자들이 일어나지도 않을 시간인데
왜 그때 라디오 광고를 틀어달라고 하느냐, 여쭸더니
그 광고주 담당자의 말씀이
"우리 돼지들이 우리 광고를 좀 들을 수 있으면 좋겠다 ……"라고
진심 어린 이야기를 했다는 것이다.
그분들에겐 소비자보다, 회장님보다, 그들의 땀과 눈물을 함께한 돼지들이
가장 소중한 고객이었던 것이다.

라디오를 사랑하는 소비자들, 그리고 회장님
그리고 내부 직원을 아끼는 광고주가 있는 한
앞으로도 라디오 광고는 쉽게 사라지지 않을 것이다.

녹음실/라디오 광고 녹음 중

촬영장에서 씨어를 기다리는 동안 나를 안내해준 남아프리카의 AE 탄디 음팔레(Thandi Mphahlele)

광고의 의무

"킴! 도착하셨군요! 그런데 지금 한창 촬영 중이라 어쩌죠?"

"괜찮아요. 여기 밥차에서 식사나 하면서 기다릴게요."

"아, 그러시겠어요? 알겠어요! 귀중한 손님이니 잘 대접해달라고 스태프들한테 얘기해둘게요. 거기 밀리팝이 맛있어요. 꼭 드셔보세요. 하하하!"

내가 이날 만나기로 한 씨오 클라크(Theo Clarke)는 경력 20년의 남아프리카의 크리에이티브 디렉터였다. 그는 국제 광고제의 수상 경력 외에도 독특한 경력을 보유하고 있었는데, 이곳 남아공 뿐 아니라 보츠와나, 짐바브웨, 모잠비크 등 아프리카의 다른 여러 나라에서의 광고 경험을 갖고 있었다. 그래서 그는 아프리카의 많은 클라이언트들이 다른 아프리카 국가에 진출하기 위해 먼저 자문을 구하는 광고인 중 하나였다. 내가 아프리카의 광고 세계에 대해 알고 싶다고 말했을 때 많은 아프리카 광고인들이 그를 추천해준 이유도 바로 그 때문이었다.

　　하지만 막상 그를 만나기 위해 어렵게 촬영장을 찾았을 때 그는 너무 바쁜 나머지 쉽게 시간을 낼 수가 없었다. 무슨 과자 광고를 촬영하는 중이었는데, 광고주가 현장에서 콘티를 계속 수정하고 있어 다음 컷으로 넘어가지 못한 채 한 장소에서 이틀째 촬영 중이었다.

　　이렇게 원래 계획과는 달리 촬영 스케줄이 늘어나는 것은 생각보다 큰 문제인 것이, 광고 제작비가 촬영 일수에 비례해서 커지기 때문이다. 모델료, 스태프 비용, 장소 대여비, 장비 대여비 등이 일수에 비례하여 커지므로 이는 결국 제작비 청구 시점에 광고주와 광고회사 사이의 갈등으로 번지기 십상이다. 그런데 안타깝게도 종국엔 그 모든 상황을 미리 예견하지 못한 광고회사가 비용 증대에 대한 책임을 떠안는 것으로 끝나는 경우가 부지기수다. 따라서 광고 현장에선 좋은 광고물을 만드는 것 이상으로 계획된 예산과 시간 안에 결과물을 만들어내는 데 크리에이티브 디렉터의 모든 신경이 집중될 수밖에 없다.

  나 역시 촬영 현장에서 겪는 크리에이티브 디렉터의 고충을 모르는 바 아니었기에 씨오를 번거롭게 하거나 귀찮게 하고 싶지 않았다. 그 대신 그와의 만남만큼이나 호기심을 끌 만한 재미있는 경험 거리가 내 눈 앞에 있었다. 바로 아프리카 광고 촬영장의 밥차였다.

  이날 촬영은 스튜디오가 아닌, 샌터바버러 이스테이트에 위치한 야외 오픈 세트장에서 이루어지고 있었다. 이 동네는 다른 타운들과 마찬가지로 검문을 위한 배리케이드와 펜스를 지나야만 들어올 수 있었는데, 펜스 안의 풍경만큼은 요하네스버그의 다른 동네들과는 또 달랐다. 미국에서 한 때 큰 인기를 끌었던 TV드라마 시리즈 「위기의 주부들」의 한 장면이 연상될 정도로 부유하면서도 평화로운 미국의 한 주택가 느낌이었다. 그 평화로운 분위기의 나무집들 중 촬영을 위해 임대한 한 가정집에서 씨오는 열심히 촬영 중이었고, 그 곳에서 약 20여 미터 떨어진 곳에 촬영 스태프들의 식사를 위한 밥차가 위치하고 있었다.

나는 매디슨 애비뉴를 떠났다

남아프리카 촬영장의 스태프들은 목이 마른 나를 위해 각종 음료수와 간식들을 챙겨주었다.

이날의 메인 메뉴는 남아프리카 사람들이 주식으로 먹는 밀리팝이었다. 줄여서 팝이라고도 부르는 이 음식은 옥수수를 찌고 빻아서 만든 일종의 떡이었다. 질감도 우리네 떡과 매우 비슷해서 포크 대신 그냥 손으로 먹는 것이 밀리팝을 제대로 먹는 방법이다. 손에 밀리팝을 조금 뜯어서 함께 나온 고기 조림이나 야채 볶음과 곁들여 먹으면 되는데, 그 맛이 흰밥에 불고기 반찬을 먹는 것과 크게 다르지 않아 의외로 전혀 이질감이 느껴지지 않았다. 다만 갓 나온 밀리팝은 너무 뜨거워서 익숙하지 않은 내가 바로 손으로 뜯어 먹기엔 어려움이 많았다. 뜨거운 밀리팝이 손에 쩍쩍 붙어 어쩔 줄 몰라 하자, 함께 앉은 스태프들이 깔깔 웃으며 대신 뜯어서 내 입에 넣어주었다.

"어때요? 남아프리카 음식이 입에 좀 맞나요? 하하. 여기 밥차의 셰프는 솜씨가 좋아요. 이걸 맛보다니 운이 좋으시네요, 하하하."

"네, 뜨겁긴 해도 정말 맛있는데요! 한국인 입맛에 잘 맞아요, 하하하."

남아프리카 사람들은 의외로 내성적이고 수줍음이 많은 편이었다. 이것이 내게 '의외'였던 이유는 내가 아는 대부분의 흑인들은 미국 영화를 통해 봐온 '아프리칸 아메리칸'이 대부분이었기 때문이다. 스크린 속에서의 그들은 가벼운 농담을 시도 때도 없이 던지며 시종 일관 호탕한 태도로 일관하는 사람들이었다. 헐리웃 영화가 만들어놓은 그런 이미지를 안고 만난 남아프리카의 흑인들은 내겐 매우 낯설 수밖에 없었다. 그들은 아무 때나 웃지도 않았고 큰 소리로 농담을 던지는 법도 없었다. 심지어 내가 사진을 찍으려 들면 표정이 굳어버려 화가 난 사람들처럼 보이곤 했다. 하지만 내가 먼저 다가가 인사를 건네면 누구 하나 예외 없이 특유의 수줍은 미소를 보이며 마음을 열었고, 그 모습 속에서 나는 이들의 진지하면서도 따뜻한 본성을 느낄 수 있었다.

"미안해요, 많이 기다렸죠. 이제 마무리가 되었네요. 내 사무실로 가서 얘기해요. 여긴 곧 철수할 거예요."

촬영 스태프와 앉아서 이런저런 이야기를 나누는 동안 씨오가 그날의 촬영 일정을 모두 마치고 내가 있던 촬영 밥차로 왔다. 그는 나를 자신의 차에 태우고는 샌튼(Sandton)에 있는 자기 회사로 안내했다. 촬영장에서 그의 회사까지는 약 2시간 정도가 걸렸다.

"남아공에서는 저 차단기가 중요한 광고 매체인가봐요?"

씨오가 몸담고 있는 P사의 입구에도 예외 없이 출입자를 일일이 검문하는 검문소와 바리케이드가 있었고, 그 차단기에는 우버 택시 광고가 붙어 있었다. 처

음엔 이를 대수롭지 않게 생각했지만, 내가 출입하는 거의 모든 타운의 차단기에 광고가 붙어 있었고 그 광고가 대부분 우버 택시의 광고라는 사실이 순간 이상하게 느껴졌다.

"네, 맞아요. 남아공은 펜스로 이루어진 세상이라고 불러도 될 만큼 펜스와 차단기가 많죠, 하하하. 그렇다보니 저 차단기도 효과가 좋은 광고매체가 된 거예요. 길에 있는 담벼락들도 마찬가지구요. 아마 다른 나라에선 보기 힘든 풍경일 거예요."

"네, 이렇게 거의 모든 차단기에 광고가 걸려 있는 모습은 남아공에서 처음 보는 것 같아요. 그런데 왜 우버 택시 광고가 저렇게 많은 거죠?"

"아, 그건 요하네스버그의 대중교통이 그리 발달하지 않았기 때문이에요. 그나마 있는 버스도 운행 시간이 부정확해서 이용하는 사람이 거의 없죠. 그래서 이곳 사람들은 자가용을 이용하거나 택시를 이용해요. 그런데 남아공의 택시를 다른 나라의 택시와 같다고 생각하시면 곤란해요."

"택시가 다르다구요?"

"네, 무척 달라요. 혹시 도로에서 사람들을 가득 태운 밴을 보셨나요?"

"네, 비슷하게 생긴 밴들이 도로 옆에 길게 줄지어 서있더라구요."

"네, 맞아요! 바로 그게 이곳 택시에요, 하하하!"

"네? 그게 버스가 아니라, 택시라구요?"

"네, 그게 바로 이곳 남아공의 택시에요, 이곳 사람들의 가장 대중적인 교통수단이죠. 그런데 그 택시들이 안전하질 않아요. 무면허 운전자들이 많아서 사고도 잦고, 또 범죄에 이용되기도 하구요.
가끔 남아공을 처음 방문하는 사람들이 이곳의 택시가 뭔지도 모른 채 그 택시를 이용했다가 사고를 당하는 경우도 있어요.
그렇다보니 우버 택시가 발달한 거예요. 우버 택시는 운전자 정보가 핸드폰에 남으니까 훨씬 안전한 교통수단으로 생각되고 있죠."

"그런데 우버 택시는 소셜미디어를 기반으로 하잖아요? 우버 택시가 대중화되려면 SNS가 대중화되어 있어야 할 텐데, 남아공은 아직 스마트폰 보급률이 높지 않은 줄 알았는데요?"

남아프리카의 우버 택시 광고
택시 서비스 자체를 광고하기보다는 우버 택시 이용자들의 고급스러운 삶, 그리고 그런 삶에 서비스를 할 수 있는 우버 택시 기사로서의 자부심을 광고하고 있다.

Image Resource : https://www.youtube.com/watch?v=7_e8CuA6HK8

"음, 이 부분은 남아공의 경제적인 이슈로 설명해야 할 것 같네요.
남아공은 현재 소득 불균형이 굉장히 심한 상태에요. 그런데 더 큰 문제는 저소득층이
절대 다수라는 점이죠. 우버 택시는 그나마 자가용을 소유할 수 있는 정도의 경제력을
가진 사람들이 가끔씩 사용하는 대체 교통수단이에요. 하지만 대부분의 남아공 사람들
은 여전히 저렴한 현지 택시를 이용하고 있어요. 스마트폰 문제에 있어서도 마찬가지
에요. 아주 일부만 최신형 스마트폰을 사용 할 수 있고, 절대 다수는 여전히 보급형폰
이나 피처폰을 사용하고 있어요."

"그럼, 우버 택시는 어느 정도의 경제력을 갖춘 사람들을 타기팅하고 있다는 거군요?"

"네, 그렇죠. 예를 들면 대기업에 다니는 화이트 칼라들이죠."

"그렇군요. 그럼 남아공에선 우버 택시의 타깃과 스마트폰의 타깃이 거의 동일하다고
보면 되겠군요. 경제력이 있는 소수들 ……."

"네, 맞아요.
남아공에서 핸드폰은 여전히 약 10년~15년 전 모델이 가장 잘 팔려요. 처음 남아공에
진출하는 기업들이 가장 많이 저지르는 실수가 바로 그 점이에요. 무턱대고 최신형 핸
드폰을 팔려고 하고, 최신형 핸드폰 광고를 만들려고 하죠. 저도 그런 클라이언트들을
많이 만나봤어요.
하지만 결국 어떤 효과도 거두지 못한 채 구형 핸드폰을 팔라고 조언한 저와 선배들
의 조언을 따르게 되죠. 아직 남아공에서는 절대 다수가 보급형 폰을 겨우 사용할 수
준 밖에 안 되니까요."

"이곳에선 마케팅의 2:8 법칙이 전혀 적용이 안 되는 셈이군요."

P사의 크리에이티브 디렉터 씨오 콜러케. 그는 매우 유머러스하며 유쾌한 성격을 가지고 있었다.

"전혀 적용이 안 되죠! 남아프리카에선 남아프리카만의 마케팅 방식이 있어요. 다른 나라에서 하던 마케팅 방식이 남아프리카에서 먹힐 거라고 생각했다간 큰코다치고 말 거에요, 하하하."

씨오와 나는 어느새 프론트 데스크와 엘리베이터를 거쳐 3층에 위치한 그의 사무실에 도착했다. 그가 일하고 있는 P사는 제법 커서 직원이 600명 정도에 이르렀다. 원래는 분리되어 있던 별개의 회사들을 P사가 인수 합병했고, 이제는 합병된 그 회사들이 한곳에 모여 하나의 커다란 회사를 이루었다고 했다. 밖에서 볼 때 대기업의 연구동 건물들처럼 보였던 이 건물들이 모두 P사 소속의 한 회사였던 것이다.

"그럼, 씨오 당신만의 방법은 뭔가요? 남아프리카라는 특수한 공간에서 훌륭한 광고를

만들어내기 위한 당신만의 노하우 말이에요.”

“저만의 노하우요? 음……, 전 ‘걷는 것’이라고 생각해요, 하하하”

“네? 걷는 것이라구요?”

“네, 걷는 거요. 전 저희 팀원들에게 항상 이야기하죠. 나가서 걸으라구요.
남아프리카에서 광고회사를 다닌다는 건 교육 수준이 매우 높다는 걸 의미해요. 경제
적 수준도 매우 높은 편이구요. 광고회사에 다니는 우리는 집에서 차를 몰고 회사로
와서 주차장에 차를 대고 곧장 사무실로 올라와요. 그리고 하루 종일 노트북 앞에 앉
아서 일을 하죠. 일 년 내내 밖을 걸어 다닐 일이 거의 없어요. 말하자면, 펜스 안에서
만 살고 있는 거죠.

그런데 70% 이상의 남아프리카 사람들은 여전히 교육 수준이 매우 낮아요. 그들에게 교육이라는 건, 큰 나무 아래 모든 학년이 모여 앉아 한 명의 선생님에게 산수나 그림 같은 걸 배우는 걸 의미해요. 그런 그들은 경제 수준이 매우 낮을 수밖에 없어요. 당연히 차를 살 형편이 안 되니 항상 걸어다니죠.

말하자면, 그들은 펜스 밖에서 살고 있는 거예요. 그런 그들이 어떤 생각을 하고 있는지 차 안에 앉아 있는 우리, 펜스 안에서만 살고 있는 우리는 전혀 알 수 없어요. 그래서 난 틈만 나면 제 팀원들에게 나가서 함께 걷자고 이야기하는 겁니다. '받고 싶은 만큼 주어라!' 그게 제 철학인 거죠!"

씨오의 말이 의미하는 바가 무엇인지는 알 수 있었다. 하지만 동시에 가능한 이야기인가라는 의구심이 들었다. 요하네스버그가 나를 가장 힘들게 했던 요소가 바로 '걷기엔 너무 위험한 환경'이었기 때문이다.

남아프리카의 한 금융사 광고
더 큰 꿈을 추구하는 아프리칸 여성들을 응원하는 내용을 주된 메시지로 삼고 있다.

Image Resource :

https://www.adsoftheworld.com/media/print/central_bank_of_africa_pioneers

"무슨 말인지 알겠네요. 그런데, 남아프리카는 ……, 걷기엔 너무 위험하지 않나요?"

"하하하하, 맞아요. 남아프리카는 당신과 같은 외국인이 걸어 다니기엔 너무 위험하죠! 하지만, 저처럼 같은 아프리칸끼리는 괜찮아요. 게다가 아프리칸 동료들 두세 명이 함께 걷는다면 큰 위험은 없어요. 하하하."

내가 요하네스버그에서 느낀 불안감을 말끔히 떨쳐버리기에 그의 말은 턱없이 부족하게 느껴졌지만, 그의 특별한 철학은 내 흥미를 끌기에 충분하고도 남을 정도였다.

"남아프리카는 현재 발전단계로 구분할 때 개발도상국가에 속해요. 즉, 엄청난 변화를 맞고 있는 시기라는 거죠.
예를 들어, 제가 잘 알고 있는 한 여성 CEO는 직원만 수백 명을 둔 매우 영향력 있는 여성이에요. 직장에서 그녀는 카리스마와 리더십이 넘치죠. 그런데 놀랍게도 집안에서는 전통적인 아프리카 여성으로 살아요. 아프리카 전통 복장을 입고 남편과 시댁 식구를 모시죠. 즉, 사회적으로는 엄청난 영향을 끼치는 여성 리더라도 집안에서는 어쩔 수 없이 전통적 롤을 감당해야 하는 평범한 아프리카 여성이란 얘기죠.
이게 바로 지금의 남아프리카에요. 그 안에 보이지 않는 엄청난 변화를 내포하고 있는 거죠. 그런데 이런 변화와 다양성은 어떤 소비자 조사나 통계에도 나와 있지 않아요. 직접 길을 나가 그들을 만나고 그들의 이야기를 들어 봐야만 알 수 있는 내용들인 거죠!"

"씨오, 당신의 얘기는 제겐 매우 흥미로워요. 왜냐하면, 제가 일하면서 만난 크리에이티브 디렉터들은 대부분 자기만의 고집이 있었어요. 예를 들면 '답은 내가 알고 있으니까 당신들은 듣기나 해!'라는 식이죠. 그들은 타인의 의견을 들을 준비가 안 되어 있는 것 같았어요. 그런데 당신은 저에게 지금 전혀 반대의 이야기를 해주고 있어요."

"하하하, 저도 그런 시절이 있었어요. 의자에 잔뜩 기대어 앉아 팔짱을 끼고서 크리에이티브 디렉터라며 으스대곤 했었죠. '내가 답을 알고 있고 브랜드의 방향도 내가 결정해!'라고 하면서 말이에요.

그런데 돌이켜보니 그건 정말 어리석은 생각이었어요. 사실 답은 사람들이 알고 있어요. 소비자들이 답을 알고 있고 그들이 브랜드를 결정해요. 소비자들이 힘을 갖고 있는 거예요. 크리에이티브 디렉터는 그저 케이터링(catering)하는 사람일 뿐이에요. 사람들의 생각을 광고 속에 전달하는 거죠. 이 원리를 이해하지 못하고 자기 고집 속에 빠져 있다간 곧 멸종한 공룡과 같은 운명을 맞이하고 말 거에요."

그의 말은 나를 포함한 한국의 광고인들에게 시사하는 바가 컸다. 동료들과 이야기를 나누다보면 가끔 우리가 광고와 취미로서의 예술을 혼동하고 있진 않은가, 하는 생각이 들 때가 종종 있었다. 광고를 만드는 원래의 목적은 잊은 채

심미적 관점에서 멋진 광고를 만드는 데에만 온 관심을 집중하다, 결국 소비자의 목소리에도 광고주의 목소리에도 무관심해진 자기만족에 불과한 광고물을 만들고 마는 경우를 적잖이 목격해왔던 것이다.

그리고 그렇게 나온 결과물에 대한 비판은 '크리에이티브'가 무엇인지 모르는 무식한 사람들의 비난으로 치부해버리고 있었다. 멋진 광고를 만들고 있다고 자만해오던 우리들 중 일부는 씨오의 경고처럼 멸종할 공룡의 발자취를 따라서 걷고 있는 것일지도 모를 일이었다.

"그럼, 씨오, 당신은 크리에이티브가 무엇이라고 생각하나요? 저 역시 적잖은 시간 광고를 만들어온 사람이에요. 그런데 종종 제가 크리에이티브와 아트를 혼동하고 있진 않은가, 생각하게 됐지요. 광고의 심미적인 요소에 빠져 광고와 예술을 혼동하고 있지 않나 하는 생각 말이에요.

씨오가 제작한 남아프리카의 유명 자동차 광고
아들이 커가며 관계가 소원해진 아버지와 아들이 함께 자동차로 남아프리카를 여행하며 관계를 회복해가는 과정을 담고 있다. 씨오는 이 광고가 자신의 이야기를 담고 있다고 설명해주었다.

Image Resource : https://www.youtube.com/watch?v=l6AnPOeOqE8

크리에이티브를 그저 폼 나는 예술품을 만드는 작업 정도로만 생각하고 있었던 거죠. 이런 태도가 매우 잘못되었다는 것은 느끼면서도, 그렇다면 과연 크리에이티브가 무엇이냐는 질문에는 전혀 답하지 못하고 있어요. 당신은 어떻게 생각하나요? 크리에이티브가 무엇이죠?"

"크리에이티브가 무엇이냐구요? 그건 두 말할 나위도 없어요!
크리에이티브란 바로 솔루션(Solution)이에요!"

"솔루션(해결)이라구요?"

나는 수많은 사람에게 크리에이티브가 무엇이라고 생각하는지를 물어봤지만, 그들에게서조차 단 한 번도 들어보지 못한 매우 독특하면서 실체적인 정의였다.

"네, 솔루션이요! 우리는 항상 수많은 문제에 둘러싸여 있죠. 그 문제는 사회적 문제일 수도 있고 개인의 문제일 수도 있어요. 또는 기업의 매출과 관련된 문제일 수도 있고. 그런 문제들을 처음 접하면 절대 답이 보이지 않아요. 그렇게 답이 보이지 않는 상황에서 문제들을 해결해 가는 과정이 바로 크리에이티브란 말입니다. 그래서 크리에이티브는 솔루션과 동의어인 거죠!"

씨오가 내게 알려준 크리에이티브의 정의는 크리에이티브에 대한 내 선입견을 완전히 깨뜨리는 것이면서 동시에 가장 명쾌한 정의였다. 아프리카의 광고인들은 그렇게 여러 면에서 나를 놀라게 하고 있었다.

"그래서 크리에이티브는 결코 광고에 한정된 개념이 아니예요.

크리에이티브는 우리를 둘러싼 모든 사회 영역에 걸쳐 있어요. 길에도 있고 사무실에도 있죠. 우리가 접하는 모든 사회 영역에는 크리에이티브가 있고 그 모든 사회 영역에서 마주치는 다양한 문제들을 해결할 수 있는 방법들이 모두 크리에이티브인 거예요. 크리에이티브는 학교에서 배울 수 있는 게 아닙니다. 길 위에서, 우리 생활 구석구석에서, 모든 사람에게서 배우는 거죠. 그리고 모든 사회 영역에 적용되어야 하는 것이고. 그게 크리에이티브에요. 만일 단순히 멋진 TV광고를 만드는 일이 크리에이티브라고 생각했다면 그건 큰 오산이에요."

고백하건대, 씨오를 만나기 전의 나는 아프리카의 광고와 아프리카의 크리에이티브가 우리나라의 광고 세계에 비해 훨씬 뒤떨어져 있을 거라 생각하고 있었다. 경제적으로 뒤쳐진 만큼 아프리카의 광고는 그 질이나 수준에서 우리나라에 비해 한참 뒤떨어질 것이라고 말이다. 그런데 씨오는 나의 그런 못난 선입견을

송두리째 뒤집어놓았고, 나아가 크리에이티브가 무엇인지에 대해 지혜로운 한 수를 나에게 가르쳐주었다. 나조차도 한 나라의 광고 수준, 특히 크리에이티브의 수준은 그 나라의 경제적 수준과 비례할 것이라는 착각 속에 빠져 있었던 것이다.

"씨오, 그냥 솔직하게 이야기할게요. 전 아프리카의 광고 세계가 한국에 비해 훨씬 뒤처질 것이라고 생각했어요. 경제적으로 후진국이니까 말이에요. 그런데 광고에 대한 당신의 이야기는 저를 정말 놀라게 하고 있어요. 아프리카는 정말 저를 크게 실망시키고 있네요, 하하하."

"하하하, 아프리카의 크리에이티브가 뒤처진다구요? 하하하! 저런, 저런! 그렇게 생각하셨다면, 정말 실망하셨겠네요. 하긴, 아프리카에 대한 엄청난 편견이 세상을 덮고 있긴 하죠, 하하하."

"네, 맞아요! 아프리카에 대해 왜곡된 시선을 갖고 있는 사람이 꼭 저만은 아닐 겁니다!"

나는 용서를 구하는 대신, 아프리카에 대한 편견을 갖고 있는 사람이 유독 나만은 아니라는 사실을 빌어 못난 편견에 대한 비난을 살며시 피해갔다. 다행히 씨오는 호탕하고도 너그러운 사람이라 아프리카에 대해 편견을 갖고 있는 외국인을 궁지로 몰지 않았다.

"맞아요. 세상 사람들은 아프리카에 대해 많은 편견을 갖고 있어요. 아프리카에 대한 커다란 3가지 편견이 있는데, 그 중 첫 번째가 바로 아프리카는 1년 내내 매우 더울 거라는 속단이죠."

내가 남아프리카를 방문했을 때는 그곳 기준으로 겨울이었다.

남반구에 위치한 남아프리카는 우리와 계절이 반대였기에 두꺼운 옷을 준비해야 한다는 것쯤은 알고 있었다. 하지만 나 역시 아프리카는 그저 덥다는 편견을 갖고 있었기에 얇은 점퍼와 긴팔 셔츠 정도만 준비했었다. 그 대가로 나는 매일 아침저녁 살을 파고드는 매서운 칼바람과 싸워야만 했고, 밤이면 찾아오는 몸살 기운을 이기기 위해 민박집의 뜨거운 벽난로와 남아프리카 대표 위스키에 의지해야만 했다.

"두 번째 편견은 아프리카 어느 곳에서든 야생동물을 만날 수 있으리라는 생각. 제가 미팅 때문에 해외 출장을 가게 되면 외국인들이 저에게 처음 묻는 게 바로 이 질문이에요. '씨오, 당신의 집에 가면 사자를 볼 수 있나요?' 그럼 전 이렇게 대답해요. '물론이죠! 뒷마당에도 사자 한 마리와 코끼리 한 마리를 키우는 걸요! 그들의 이름은 제임스와 토니에요!' 이렇게 말이에요. 하하하."

그가 말한 두 번째 편견 앞에서도 나는 할 말이 없었다.

나도 아프리카에 도착하자마자 가장 처음 마주할 것이라 기대했던 장면이 길에 뛰어노는 임팔라와 그 뒤를 쫓는 사자들이었으니까. 요하네스버그에서 반나절 이상 떨어진 크루거 국립공원에서 사자 한 마리를 보기 위해 꼬박 하루를 헤맨 끝에야, 비로소 야생동물로 뒤덮인 아프리카의 이미지도 매스미디어가 만들어놓은 환상임을 깨닫게 되었다.

그리고 보면 아프리카에 대한 편견은 셀 수 없이 많은 것 같았다. 어딜 가든 빈민들만 살고 있을 거라는 편견, 온통 야생 동물들이 득실거릴 것이라는 편견, 멋지고 창의적인 광고 따위는 없을 것이라는 편견 등등…….

어쩌면 아프리카에 대해 우리가 상식으로 받아들이고 있던 모든 관념들이 알고 보면 모두 편견에서 비롯된 것일지도 모를 일이었다.

그러면 이 많은 오해들 중에서 씨오가 말하고 싶은 마지막 편견은 무엇이었을까.

"아프리카에 대한 세 번째 편견은 바로 아프리카를 대륙이 아니라 하나의 나라로 생각한다는 겁니다!"

그의 말에 나는 말문이 막혀버렸다.

"내가 만난 한 미국인이 이렇게 말하더군요. '아프리카는 정말 멋진 나라에요!' 하하하. 아프리카는 나라가 아니에요.

그 안에 60여 개 나라를 포함하고 있는 거대한 대륙이죠. 그리고 그 안의 모든 나라들은 문화와 생각들이 서로 다 달라요.

그건 같은 유럽 안에서 영국과 프랑스가 서로 다르고, 같은 아시아 안에서 중국과 일본이 서로 다른 것과 마찬가지죠.

AD

씨오가 근무했던 아프리카 안의 다른 나라, 나미비아의 한 광고
"쓰레기로 우리의 문화를 정의내리지 말라!"는 메시지를 담고 있다.

Image Resource :

https://www.adsoftheworld.com/media/print/greenpeace_africa_african_trash_masks_
grey

저는 남아공 외에 나미비아와 나이지리아, 그리고 보츠와나에서도 근무한 경험이 있어요. 그들은 모두 각자의 문화와 정서를 갖고 있었어요. 실례로, 한 글로벌 맥주 기업이 보츠와나에 진출하고 싶어 한 적이 있어요. 그들은 남아공에서 큰 성공을 거둔 바 있기 때문에 같은 전략으로 보츠와나에서도 성공할 거라고 믿고 있었죠. 하지만 전 반대했어요.

왜냐하면, 전 보츠와나가 남아프리카와는 전혀 다른 나라라는 것을 이미 경험했으니까요. 나미비아 사람들은 G사의 맥주에 강력한 충성도를 갖고 있었어요. 그들은 팔과 몸에 G사 맥주의 로고를 문신으로 새길 정도였다니까요.

그런데 그 글로벌 맥주 기업은 제 충고를 듣지 않았어요. 결국 3년이라는 긴 시간과 어마어마한 마케팅 비용만 허비하고 철수해야 했죠.

아프리카를 하나의 작은 나라로 생각하고 쉽사리 판단하려 할 때 만날 수 있는 훌륭한 실패 사례만 남기고 만 거예요.”

남아프리카에 도착하기 전 나는 에티오피아에서 약 1주일간 머물렀었다. 한국에서 남아프리카로 바로 올 수 있는 직항도 없었거니와, 이왕 경유를 해야 하는 거라면 한 때 내가 광고를 맡았던 A브랜드 커피의 원산지에서 커피의 진짜 맛을 경험해보고 싶었기 때문이었다.

그런데 에티오피아에서 나를 놀라게 한 것은 5가지 맛을 내던 신선한 에스프레소의 특별한 맛만은 아니었다. 내가 상상했던 아프리카의 스테레오타입과는 너무나 다른 이 나라 사람들만의 생활 방식과 문화가 나를 더욱 놀라게 했다. 그들은 내가 알던 아프리카 음악과는 전혀 다른 음악을 듣고 있었으며, 내가 알던 아프리카 패션과는 전혀 다른 옷을 입고 있었다.

그들의 대화 방식도, TV에서 만나게 되는 광고도, 내가 상상한 아프리카의 그것과는 전혀 달랐다. 그때 나는 아프리카라는 이름 안에 다양한 문화가 존재할 수 있음을 처음으로 느꼈었다.

"아프리카의 많은 나라들은 분명 기술적인 면에서, 경제적인 면에서 서구 유럽이나 아시아에 비해 뒤쳐지고 있어요.

하지만 그렇다고 그들의 예술성이나 문화도 함께 뒤떨어진다고 생각하면 큰 오산입니다. 그들은 각자의 뛰어난 문화와 예술성을 갖고 있고, 무엇보다 대단한 열정을 갖고 있어요.

우리는 서로 문화가 다를 뿐, 크리에이티브의 수준이 다르진 않아요. 나는 아프리카의 다른 나라들을 경험하며 세상을 보는 눈이 많이 겸손해졌어요."

"씨오, 당신 이야기를 듣고 있으니 내가 지금 광고인이 아니라, 무슨 사회운동가와 이야기하고 있는 것 같다는 생각이 들어요. 당신의 이야기는 단순히 광고에 대한 생각에 국한되어 있지 않고 사회 전반의 문제를 포함하고 있는 것처럼 들리거든요."

"그래요? 그렇다면 정말 다행이네요. 왜냐하면 저는 광고인은 의무를 갖고 있다고 생각하거든요."

"의무라구요?"

"네, 의무요. 자신이 받은 것을 사회에 환원해야 하는 의무."

자신의 인생을 바쳐 모은 돈을 사회에 환원하겠다고 말한 자산가나 복지가들은 수없이 만나보았지만, 내가 받은 것을 사회에 환원할 의무가 있다고 말하는 크리에이티브 디렉터는 처음이었다. 그가 말하는 환원의 의무란 무엇을 말하는 걸까.

"제가 얻은 아이디어는 모두 나를 둘러싼 사람들로부터 얻은 겁니다.

즉 저는 사회와 사람들에게 빚을 지고 있는 셈이죠. 우리는 그렇게 얻은 아이디어를 통해서 우리를 둘러싸고 있는 클리셰 – 그는 고정관념이란 말 대신 클리셰, 즉 '상투적인 표현'이란 말을 자주 사용했다 – 속에서 편견을 구분해내고, 그런 편견으로부터 우리를 자유롭게 해줄 솔루션을 찾아낼 수 있어야 해요. 그게 제가 말하는 의무입니다. 자, 여기 제가 만든 광고 한 편을 보여줄게요."

그는 그의 노트북에 연결되어 있는 외장하드에서 한 TV광고 영상을 찾아냈다. 영상의 질이 그렇게 세련되지 않은 것을 보니 최근 광고는 아니었다. 하지만 그 영상의 첫 장면에는 토요일 저녁이면 온 가족이 모여 앉아 관람했던 '주말의 명화'의 첫 장면처럼 가슴 떨리게 하는 무엇인가가 있었다.

"미스터 킴도 아시다시피, 남아프리카에는 흑인 외에도 백인과 유색인종이 함께 어울려 살아요.
그리고 같은 흑인들 안에서도 11개 부족이 섞여 살고 있어요. 지금 저희 팀 안에도 11개 부족의 흑인과 백인, 유색인종이 골고루 섞여 있죠."

부족이란 단어는 원시 부족이나 부시맨에게나 어울리는 단어라고 생각했는데, 지금 이 공간에서 함께 일하고 있는 광고인들 중에도 그 11개 부족이 섞여 있다는 사실이 순간 낯설게 느껴졌다.
하지만 이내 그것이 당연한 사실일 수밖에 없음을 받아들였다. 오히려 이들에겐 남아프리카라는 하나의 국적보다 줄루, 코사, 은데벨레 등 자신이 속한 부족의 이름이 스스로의 정체성을 정의하기에 더 적합한 단어처럼 느껴질지도 모를 일이었다.
거의 한 개의 민족으로만 구성된 한국이 오히려 이들에겐 매우 특이한 사례일 것 같았다.

AD

씨오가 제작한, V사의 자동차 광고

Image Resource :

https://www.youtube.com/watch?v=44ONnc2NbZU

"이렇게 다양한 민족이 어울려 살다 보면 당연히 갈등이 있을 수밖에 없어요. 하지만 그 갈등을 이겨낼 때 세상은 더 다양해지고 더 멋져지는 거예요. 결국 갈등이 더 나은 세상을 만들어내는 거죠.

이 광고를 만들던 당시 남아프리카는 흑백 간의 갈등이 극심한 때였어요. 심지어 CNN에서는 그런 내용의 뉴스가 나오더군요. '남아공에서 유색인종이 칼을 갖고 다니면 조심해라!' 하하하. 그래서 전 우리 팀원들에게 얘기했죠. '너희들은 도대체 평소에 무슨 칼을 갖고 다니는 거냐! 오늘 당장 너희 부족한테 돌아가!'라고 말이에요, 하하하하. 이건 일종의 남아프리카식 농담이에요."

어느덧 그의 농담에 나도 어울려 웃을 수가 있었다. 요하네스버그는 모두 위험한 사람으로 가득할 거란 생각도 씨오의 말처럼 그저 클리셰에 불과할지 모를 일이었다.

"그런 사회 분위기 속에서 우리에겐 하나의 미션이 있었어요. 누구도 시킨 적은 없지만 보이지 않는 미션. 그것은 흑과 백으로 분리된 남아프리카를 하나로 묶어야 한다는 것이었어요. 그리고 이 광고는 그런 미션을 성공적으로 이뤄낸 캠페인으로 평가받았어요."

그가 보여준 광고는 앞이 보이지 않는 한 흑인 노인이 버스를 내리면서 시작된다. 그는 주소가 적힌 쪽지 한 장을 들고서 아들을 찾아가는 중이었다. 노인의 딱한 상황을 발견한 한 젊은 백인 남자가 노인을 자신의 차에 태워 아들을 찾도록 도와준다. 두 사람은 우여곡절 끝에 권투선수였던 노인의 아들을 찾게 되고, 행복한 노인의 미소를 클로즈업하며 이 광고는 끝이 난다. 이 광고에 카피는 거의 없었다. "사람을 위한 자동차"라는 캠페인 슬로건만 광고의 말미에 등장할 뿐이다.

"지금은 이 광고가 그렇게 놀랍지 않을 수 있어요. 그새 사회가 많이 바뀌었으니까요.
하지만 그때만 해도 이 광고는 매우 혁신적이었어요.
왜냐하면 당시 남아프리카 사람들이 갖고 있던 클리셰에 따르면 흑인은 위험하고 백인은 권위적인 존재였거든요.
힘없는 흑인 노인을 젊은 백인이 차에 태워 길을 찾도록 도와준다는 상황은 그때로선 상상할 수 없는 모습이었어요.
하지만 저는 흑인과 백인 사이를 구분 짓는 클리셰 속에서 사람(People)이라는 공통분모를 발견했어요. 그때까지의 우리는 서로를 사람으로 보지 못하고 피부색만 보았던 거죠.
저는 우리를 하나로 묶을 수 있는 '사람'이라는 콘셉트 안에서 광고를 만들었어요. 그리고 이 광고는 자동차의 어떤 기능도 강조하지 않았지만 '사람'이라는 단어 속에서 많은 감동과 호응을 일으켰어요.
저는 크리에이티브 디렉터로서 이 광고를 통해 사회에 환원해야 할 빚을 조금이나마 갚은 겁니다."

*
**

씨오와 헤어져 거리로 나왔다.
그의 충고에 따라, 씨오가 일하고 있는 회사의 경비들이 볼 수 있는 거리에서 크게 멀지 않은 요하네스버그의 큰 길까지 혼자 걸어보았다. 그리고 나를 감싸고 있던 클리셰 대신 '사람'이라는 시각을 가지고 요하네스버그와 그 속을 채우고 있는 남아프리카 사람들을 바라보려고 노력해보았다.
짧은 시간의 노력만으로 완전할 순 없었지만, 조금씩 그들의 표정이 눈 안에 들어오기 시작했다. 그리고 그 속에서 더 이상 흑인, 아프리카인, 요하네스버그인이 아닌 한 명 한 명의 사람이 보이기 시작했다. 이렇듯 이 먼 나라 광고인과

의 만남은 피부색 안에 비밀처럼 숨어 있는 사람의 진실한 모습을 발견할 수 있
는 기회를 내게 던져주었다.

　씨오를 포함한 아프리카 광고인들은 내게 광고가 무엇인지, 크리에이티브가
무엇인지 알려주었다. 동시에 광고인이 가져야 할 무거운 책임감에 대해서도
가르쳐주었다. 그들은 내게 과제를 해결한 데서 오는 해방감과 다음 과제를 함
께 얻은 것 같은 부담감이 복합적으로 연결되어 있음을 느끼게 해주었다. 그리
고 이것으로 내 아프리카 여정은 그 힘들었던 대가를 다 지불하고도 남을 만큼
의 가치를 담아내고 있었다.

\# 광고인이 되는 길

광고인이 되려면 어떻게 해야 하고, 어떤 과정을 거쳐야 할까?

국내 몇몇 대학은 광고홍보학과를 전공학과로 두고 있다.
일찌감치 광고의 꿈을 품고 준비한 영리한 친구들이라면
이미 광고홍보학과를 진학하였거나 준비하고 있을 테고
이는 가장 빠르고 정확한 방법일 것이다.

하지만 대학에서 광고 관련 전공을 하지 못했다고 해도
전혀 실망할 필요는 없다.
(재미있게도 광고회사에는 광고 관련 전공자보다
광고 비전공자들이 훨씬 더 많으며 저자 역시 광고 전공자가 아니다)

국내에는 다양한 광고 관련 아카데미들이 존재한다.
코바코(KOBACO)에서 운영하는 아카데미도 있지만,
한국광고연구원(adcollege)과 같은 사립아카데미들도 많이 있다.
대학에서 관련 지식을 얻지 못했다면 이런 아카데미를 통해서
관련 지식을 습득하면 충분하다.

하지만 기성 광고인으로서 추천하는 길은 대학에서의 '인문학 전공'이다 !

구체적인 전공은 상관없다.
영문학이나 독문학, 국문학 같은 문학 분야여도 좋고, 사회학이나 철학도 좋다.
어떤 분야든 지나치게 실용화된 전공보다는
인문학을 전공할 것을 꼭 권하고 싶다.

모든 산업 분야가 그렇듯, 광고 산업에서도
대학에서 배운 것은 실무에 들어오면 한 두 달이면 다 배운다.
그 다음부터는 현업에서 처음부터 다 다시 배워야 한다.
(대학에서 배운 걸 선배들 앞에서 자랑했다간 되려 혼나기 일쑤다)
하지만 현업에서 절대 배울 수 없는 것들이 있는데
바로 인문학적인 교양과 사고의 방법이다.

인문학적인 교양이란, 교양서적의 제목을 달달 외우는 것을 말하는 것이 아니다.
인문학적 교양이란, 바로 "사람에 대해 생각하는 기술"을 말한다!

광고는 사람에 대해서 생각하는 일이다.
끝없이 사람에 대해 고민하고, 사람을 설득하고, 사람을 바꾸는 일이다.

그러려면 사람에 대한 깊이 있는 고민과 사람에 대한 깊이 있는 성찰이
마치 튼튼한 토양처럼 역할을 해야 한다.

이것은 회사의 어떤 실무도, 어떤 실용 학문도 가르쳐 주지 못한다.
대학에서 경험하는 깊이 있는 토론과 고민만이 가르쳐줄 수 있으며,
인문학만이 해결해줄 수 있다고 믿고 있다.
이것은 시간이 많이 걸리는 과정이며
그래서 취업 전에는 반드시 거쳐야 하는 과정이다!

그리고 단언컨대,
인사이트 있는 광고 선배라면
취업 면접 때, 광고 지식이 아닌
'자신과 사람을 얼마나 이해하고 있는지'에 대한 날카로운 질문을 던질 것이다!

에필로그

나는 매디슨 애비뉴를 떠났다

I left Madison Avenue.

나는 매디슨 애비뉴를 떠났다

1960년대 미국 디트로이트.
한 자동차 광고에서 백인 여성이 흑인 남성의 팔을 붙잡았다.
그리고 이 광고는 방송 심의를 통과하지 못했다.
이 광고를 촬영한 광고회사는 재촬영을 감내해야 했다.
백인 여성이 흑인 남성의 팔을 붙잡았기 때문에…….

그때 만일 누군가가 광고는 인종차별의 상처를 치유하기 위한 수단이어야 한다는 의견을 촬영 현장에서 피력했다면, 그는 과연 어떤 취급을 받았을까?

그때 누군가가 광고는 자본주의로부터 상처 입은 세상을 치유하기 위한 유일한 수단이라는 주장을 클라이언트 앞에서 펼쳤다면?

그때 누군가가 광고야말로 종교로 사람을 이분화하는 인간의 이기심을 치유하기 위한 가장 강력한 도구여야 한다는 의견을 방송광고 심의기구에 제출했다면, 그의 생각은 과연 어떤 취급을 받았을까?

그런데 이런 허무맹랑한 몽상을 뉴욕의 광고회사는 내 안에 심어주었다.

매디슨 애비뉴와의 만남은 나로 하여금 '광고로 소외되고 상처 입은 세상을 치유할 수 있을까'라는 비이성적인 궁금증을 갖도록 만들었다. 그리고 이 비합리적인 상상은 제멋대로 뿌리를 내리고 가지를 쳐, 나로 하여금 순례와 같은 여정을 떠나도록 만들었다.

이 방향 없는 여정은 놀랍게도 열매를 맺었다. 서구 기독교 중심의 문화에서 타인으로 여겨졌던 이슬람 세계, 그 중에서도 터키의 광고인들을 만남으로써 나는 그때까지 알지 못했던 광고의 사회적 기능을 보았다. 이슬람 사회 안에서 광고가 만들어내는 긍정적 갈등을 보았고, 그 긍정적 갈등이 이슬람 사회의 근본적 갈등과 편견을 해결해가는 과정을 보았다.

사회주의 국가 중국의 광고인들을 만남으로써 공산주의 시스템 안에서 광고가 이끄는 미래 성장의 가능성도 보았다. 백인 유럽 중심의 세계관 속에서 오랜 시간 인종적 차별을 당해야만 했던 남아프리카에서는 차별 없는 사회를 위한 사회적 견인차로서의 광고를 만들고 있는 열정적인 광고인들을 만났다. 나아가 더 나은 사회를 만들기 위한 광고의 의무와 사회 문제를 해결하기 위한 솔루션으로서 크리에이티브의 역할을 보았다.

이렇듯 서구 유럽 중심의 근현대사에서 소외되었던 세상의 광고인들은 편견에 맞서고 차별과 싸우며 광고의 진보된 역할과 의무를 선보였고, 이는 어떤 선진국의 마케팅 교과서에서도 배우지 못한 사례들이었다. 이들에게 더 나은 세상을 위한 광고의 사회적 책임과 의무는 허무맹랑한 몽상이 아니라 광고의 필수 요소였으며, 왜곡된 시선과 맞서 싸우는 광고의 역할은 현대 사회에서 가장 영향력 있고 파급력 있는 콘텐트가 가져야 할 최소 단위의 책임이었다.

디트로이트의 사건 이후 이제 반세기가 흘렀다. 더 이상 우리가 매일 마주하는 광고들 안에서 노골적인 인종차별, 노골적인 종교 탄압, 노골적인 소수자 박해는 찾아보기 힘들어졌다. 그렇다고 해서 우리가 살아가는 사회가 완전해졌다고 자신할 수 있는 사람이 있을까? 우리가 살고 있는 사회에서 편견, 우리 의식 속에 숨어 있던 선입견이 완전히 자취를 감추었다고 확신할 수 있는 사람이 있을까.

세계의 광고회사들을 여행하고, 아니 소외된 세상의 광고회사들을 방문하고 내가 알게 된 분명한 한 가지 사실이 있다면 그것은 더 나은 광고를 만들어가는 과정과 더 나은 세상을 만들어가는 과정이 매우 닮아 있다는 것이다. 당연해 보이는 눈앞의 현실에 대해 끊임없이 의심하고 질문함으로써 진리처럼 보이던 사실 안에서 편견을 들추어낼 때, 그때 비로소 가장 날카로운 크리에이티브는 탄생하는 것이다. 그리고 이렇게 탄생한 크리에이티브야말로 좋은 광고를 넘어 더 나은 세상을 만들어내는 솔루션이 되고, 또한 '세상을 치유하는' 중요한 힌트가 될 수 있다. 이것이 매디슨 애비뉴가 내게 요구했던, 불가능해 보였던 긴 여정의 교훈이자 가장 큰 가르침이었다. 이제는 누구라도 더 창의적이고 영향력 있는 크리에이티브를 꿈꾸는 사람이라면 우리 안에 진실처럼 숨어 있는 편견을 찾아내고 그것과 맞서 싸우는 날카로운 인사이트를 가져야 할 것이다.

* *
* *

영국, 이스라엘, 이집트, 브라질, 일본 등……
뉴욕에서 만났던 다른 나라의 광고인들에게 연락을 취했다.
언젠가 만나기로 한 약속을 지금 당장 앞당겨야겠다고.
매우 뜬금없고 허무맹랑해 보이지만,
이 낯선 만남과 여행은 분명
나에게 또 당신에게
예상하지 못한 교훈과 깨달음을 남길 것이라는 메시지와 함께.

이제 그들을 만나볼 차례다.

INDEMNITY AGAINST LIABILITY
Persons entering these premises and / or using these premises and / or their facilities do so at their own risk, and indemnify the Mpumalanga Tourism and Parks Agency against any liability arising out of any injury, loss or damage to any property or person while on the premises.
BY ORDER OF MANAGEMENT
NISSAN
DANGER

The curios on sale here represent
initiative by people from local
unities to earn a living.

can make this possible

This initiative   and supported by
Mpumalan   and Parks

TO